U0571597

建筑CAD项目实例教程

主　编　杨正俊　王艳梅

副主编　曹　静　俞冯吉　顾蓓瑜
　　　　柳丽红

参　编　张智勇　仲　威　范颖一
　　　　吴健凤　方顺浩

主　审　冯小平

北京理工大学出版社
BEIJING INSTITUTE OF TECHNOLOGY PRESS

内 容 提 要

　　本书以建筑CAD软件应用为目标，以项目化实践为载体，阐述建筑CAD的基础知识和运用技巧，运用建筑CAD软件绘制典型工程实例图样，提升解决图解空间、几何问题的能力，培养对三维形体与相关位置的空间逻辑思维能力和形象思维能力。本书主要内容包括绘图环境的设置、二维图形的绘制和编辑、绘制建筑施工图、绘制住宅室内装饰施工图、打印出图和文件输出、三维建筑模型的绘制。

　　本书可作为高等院校土木工程类相关专业教学用书，也可供土建类工程技术人员、施工管理人员工作时参考使用。

版权专有　侵权必究

图书在版编目（CIP）数据

建筑CAD项目实例教程 / 杨正俊，王艳梅主编 .
北京：北京理工大学出版社，2025.3.
ISBN 978-7-5763-5206-1

Ⅰ.TU201.4

中国国家版本馆CIP数据核字第2025J9P126号

责任编辑：江　立　　　　　**文案编辑**：江　立
责任校对：周瑞红　　　　　**责任印制**：王美丽

出版发行 /	北京理工大学出版社有限责任公司
社　　址 /	北京市丰台区四合庄路6号
邮　　编 /	100070
电　　话 /	(010) 68914026（教材售后服务热线）
	(010) 63726648（课件资源服务热线）
网　　址 /	http://www.bitpress.com.cn
版 印 次 /	2025年3月第1版第1次印刷
印　　刷 /	河北鑫彩博图印刷有限公司
开　　本 /	787 mm×1092 mm　1/16
印　　张 /	18
字　　数 /	449千字
定　　价 /	89.00元

五年制高等职业（简称五年制高职）教育是指以初中毕业生为招生对象，融中、高职于一体，实施五年贯通培养的专科层次职业教育，是现代职业教育体系的重要组成部分。

江苏是最早探索五年制高职教育的省份之一，江苏联合职业技术学院作为江苏五年制高职教育的办学主体，经过20年的探索与实践，培养了大批高素质技术技能人才，在五年制高职教学标准体系建设及教材开发等方面积累了丰富的经验。"十三五"期间，江苏联合职业技术学院组织开发了600多种五年制高职专用教材，覆盖了16个专业大类，其中178种被认定为"十三五"国家规划教材，江苏联合职业技术学院的教材开发工作得到国家教材委员会办公室认可并以"江苏联合职业技术学院探索创新五年制高等职业教育教材建设"为题编发了《教材建设信息通报》（2021年第13期）。

"十四五"期间，江苏联合职业技术学院将依据"十四五"教材建设规划进一步提升教材建设与管理的专业化、规范化和科学化水平。一方面与全国五年制高职发展联盟成员单位共建共享教学资源；另一方面与高等教育出版社、凤凰职业教育图书有限公司等多家出版社联合共建五年制高职教育教材研发基地，共同开发五年制高职专用教材。

本套"五年制高职专用教材"（以下简称"教材"）以习近平新时代中国特色社会主义思想为指导，落实立德树人的根本任务，坚持正确的政治方向和价值导向，弘扬社会主义核心价值观。教材依据教育部《职业院校教材管理办法》和江苏省教育厅《江苏省职业院校教材管理实施细则》等要求，注重系统性、科学性和先进性，突出实践性和适用性，体现职业教育类型特色。教材遵循长学制贯通培养的教育教学规律，坚持一体化设计，契合学生知识获得、技能习得的累积效应，结构严谨，内容科学，适合五年制高职学生使用。教材遵循五年制高职学生生理成长、心理成长、思想成长跨度大的特征，体例编排得当，针对性强，是为五年制高职教育量身打造的"五年制高职专用教材"。

江苏联合职业技术学院
教材建设与管理工作领导小组
2022年9月

出版说明

前 言

"建筑CAD"是土木建筑类专业的一门专业平台课程,对培养土木建筑类学生关键职业技能有很强实践性和实用性。本书涉及的绘图软件及制图基础知识主要依据为中望CAD和国家制图标准,编者贯彻"岗课赛证"综合育人理念,创建SPOC平台,构建线上、线下两大训练体系,以项目化、任务型、螺旋式的结构形态,融入建筑制图规范,配备音视频、动画等立体教学资源,设计巩固习题,体现增值性评价。本书教学资源具有可查询、能记录、练评测结合的特点。

本书强调实用性和时效性,开展了项目化教学改革,形成了以"学习任务工作过程化、实训情景职场化、教师学生角色化、技能培养递进化、教学过程实现教学做一体化"为特色的教学模式。融入信息化教学元素,实现"校企合作、案例真实、工学结合",融合行业企业典型案例,以激发学生的学习热情和实际操作性。课程应用"线上+线下"混合教学的方式,教师课前答疑、课中翻转课堂、课后总结提升,教师教学组织形式多样,弥补了传统课堂的不足。本书共分为6个项目31个任务,主要内容包括绘图环境的设置、二维图形的绘制和编辑、绘制建筑施工图、绘制住宅室内装饰施工图、打印出图和文件输出、三维建筑模型的绘制。

本书由江苏联合职业技术学院江苏联合职业技术学院无锡机电分院杨正俊、王艳梅担任主编,由江苏联合职业技术学院无锡汽车工程分院曹静、俞冯吉、顾蓓瑜、柳丽红担任副主编,无锡建科装饰设计工程有限公司张智勇,江苏联合职业技术学院无锡汽车工程分院仲威、吴健凤、范颖一和方顺浩参与编写。全书由江南大学冯小平教授主审。

本书在编写过程中参考应用了大量规范、专业文献和资料,在此向提供有关信息的专家学者表示诚挚感谢,同时本书在编写过程中得到了相关院校和企业专家的大力支持,在此一并表示感谢。

由于编写时间仓促,编者水平有限,书中难免存在疏漏和不当之处,敬请各位读者批评指正。

编 者

目 录

项目一　绘图环境的设置

项目背景

中望CAD 2014是中望软件自主研发的一款CAD平台软件,凭借良好的运行速度和稳定性,完美兼容主流CAD文件格式,界面友好易用、操作方便,可以帮助用户高效、顺畅地完成设计绘图。它的新功能包括智能语音、动态块、自定义用户界面,以及在线工作流程。

本项目采用任务驱动法,精选了中望CAD 2014典型的应用作为操作实例。通过对操作过程的详细介绍,使读者通过本项目的学习能轻松熟练地掌握中望CAD 2014的基本操作,了解其用户界面、文件操作及命令的启动方法,并能在熟练识读几何图形的基础上,利用坐标系并通过极轴、对象捕捉等辅助绘图工具的帮助来进行点的输入,完成几何的绘制,同时能熟练运用精确绘图工具快速、精准地绘制图形。

学有所获

1. 知识目标

(1)了解中望CAD 2014的基本操作,认识用户界面、执行命令的方法、文件管理等;

(2)掌握绘图前基本绘图环境的设置;

(3)了解坐标系,能够通过坐标、距离、角度输入等方法绘制图形;

(4)会利用绘图辅助工具,精确、快速地绘制图形;

(5)理解图层的概念、作用,并能根据绘图需要设置图层、操作图层。

2. 能力目标

(1)能设置二维图形的绘图环境;

(2)能运用绝对坐标、相对坐标、极坐标绘制简单几何图形;

(3)能使用"极轴""缩放""平移""对象捕捉""对象追踪"等透明命令;

(4)能熟练地设置图层的参数。

3. 素质目标

(1)养成制图标准习惯:严格按照国家制图规范绘制相关图纸;

(2)强化团队协作精神:建立学习共同体,在共同交流中达成目标;

(3)培养精益求精态度和创新精神:准确使用绘图命令,灵活运用绘图技巧;

(4)培养独立分析、处理问题能力及综合应用能力,提高实际绘图技术素质。

任务一　绘图环境、用户界面和文件操作

◎ 课前准备

预习本任务内容，回答下列问题。

引导问题1：中望CAD 2014的用户界面由哪几部分组成？

_____

_____

引导问题2：默认状态下，绘图窗口是黑色的，其颜色可以改变吗？如果可以，应该如何设置？

_____

_____

引导问题3：中望CAD 2014常用的工具栏有哪些？

_____

_____

◎ 知识链接

■ 一、中望CAD 2014用户界面

在中望CAD 2014中提供了两种典型界面，可通过以下方法进行设置：单击状态栏右侧的"工作空间切换"按钮，两种界面分别为AutoCAD经典、二维草图与注释，分别适用于不同的工作要求。

图1–1所示为“AutoCAD经典”界面，一般情况下使用该界面操作最为方便，同时对于使用过AutoCAD以前版本的用户，也是最熟悉、最习惯的界面。

标题栏
菜单栏
工具栏
绘图区
命令行窗口
状态栏

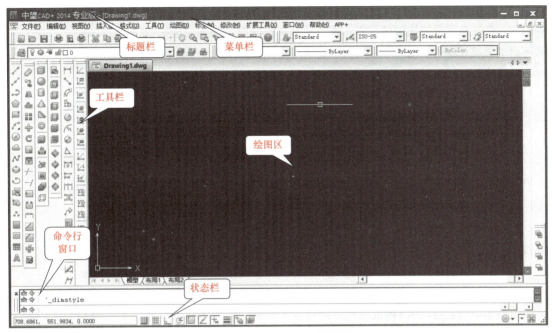

图 1–1　AutoCAD 经典界面

该界面由标题栏、菜单栏、工具栏、状态栏、命令行窗口、绘图区六大部分组成。

1. 标题栏

标题栏如图1–2所示，位于主界面的顶部，用于显示当前正在运行的中望CAD 2014应用程序名称和控制菜单图标及打开的文件名等信息。如果是中望CAD 2014默认的图形文件，其名称为“Drawing*n*.dwg”（其中，*n*代表数字）。

中望CAD+ 2014 - [Drawing1.dwg]

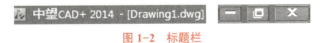

图 1–2　标题栏

单击标题栏左端的控制菜单图标，将打开一个菜单，该菜单用于控制窗口大小、关闭等操作。单击标题栏右端的按钮，可进行最小化、最大化、向下还原或关闭应用程序窗口等操作。

2. 菜单栏

菜单栏如图1–3所示，中望CAD 2014默认菜单栏共有12个菜单。单击菜单或按Alt键+菜单选项中带下划线的字母（如按组合键Alt+F和单击“文件”按钮是等效的），将弹出对应的下拉菜单。该下拉菜单中包括AutoCAD的各种操作命令。

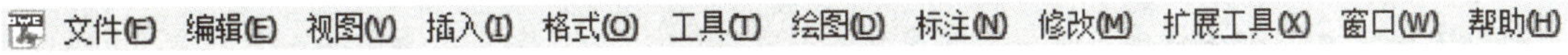

文件(F) 编辑(E) 视图(V) 插入(I) 格式(O) 工具(T) 绘图(D) 标注(N) 修改(M) 扩展工具(X) 窗口(W) 帮助(H)

图 1–3　菜单栏

和其他Windows应用程序一样，菜单命令后的不同符号有不同的含义。

（1）菜单选项后加“▸”符号，表示该菜单项有下一级子菜单。

（2）菜单选项后加“…”符号，表示执行该菜单命令后，将弹出一个对话框。

（3）菜单选项后加组合按键，表示该菜单命令可以通过按组合按键来执行，如组合键Ctrl+S表示按Ctrl+S键，可执行该菜单选项（保存）命令。

（4）菜单选项后加快捷键，表示该下拉菜单打开时，输入对应字母即可启动该菜单命令，如单击"文件"按钮，在弹出的"文件"菜单中，键入O可执行"打开"命令。

中望CAD 2014还提供了另外一种菜单，即快捷菜单。当光标在屏幕上不同位置或不同的进程中右击，将弹出不同的快捷菜单。

3. 工具栏

工具栏是中望CAD 2014为用户提供的一种快速调用命令的方式。单击工具栏上的图标按钮，即可执行该图标按钮对应的命令。如果将鼠标光标移至工具栏图标按钮上停留片刻，则会显示该图标按钮对应的命令名。同时，在状态行中将显示该工具栏图标按钮的功能说明和相应的命令名。

用户可根据实际需要对工具栏进行取舍，操作方法是在已有任意工具栏图标上右击，即可弹出如图1-4所示的快捷菜单，该快捷菜单中的各选项即为中望CAD 2014提供给用户的所有工具栏。在弹出的快捷菜单的各个选项中，前面有对勾的表示该工具栏已经显示，如需显示某个未显示工具栏或将已经显示的工具栏隐藏起来，只需在对应选项上单击即可。

为使程序界面美观，并便于操作，还可对工具栏的位置进行调整。当工具栏的形状如图1-5（a）所示时，可拖动其标题栏，将其放在合适的位置；当工具栏的形状如图1-5（b）所示时，可拖动其前端部位以调整其位置。

图1-4　工具栏
弹出菜单

（a）

（b）

图1-5　工具栏的不同形状

技巧提示：绘制二维图形时，常用的工具栏有标准、样式、图层、对象特性、绘图、修改、标注等；当进行三维建模时，则需要将隐藏的一些三维绘图相关工具栏打开，如UCS、参照、视图、三维动态观察器、实体编辑、实体、着色等。

4. 状态栏

状态栏位于工作界面的最底端，用于显示或设置当前的绘图状态。其左侧显示当前光标在绘图区位置的坐标值，从左往右依次排列着"捕捉模式""栅格显示""正交模式""极轴追踪""对象捕捉""对象捕捉追踪""动态输入""循环选择""模型或图纸空间"9个开关按钮，如图1-6所示。用户可以单击对应的按钮使其打开或关闭。有关这些按钮的功能将在后续的相关内容中作具体介绍。

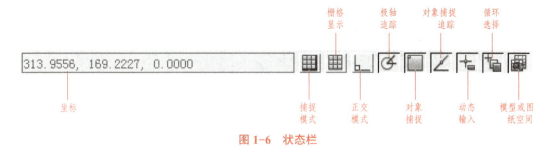

图 1-6　状态栏

技巧提示：单击状态栏按钮，当其呈按下状态时表示起作用，当其呈浮起状态时则不起作用。状态栏右侧的两个按钮，用于对工作空间进行切换，用于清理屏幕。

5. 命令行窗口

命令行窗口如图1-7所示，其位于绘图区的下方，是中望CAD 2014进行人机交互、输入命令和显示相关信息与提示的区域。用户可以如改变Windows窗口那样来改变命令行窗口的大小，也可以将其拖动到屏幕的其他地方。

单击命令行窗口左侧的"关闭"按钮，可以关闭命令行窗口，按组合键Ctrl+9可将其重新打开。

图 1-7　命令行窗口

6. 绘图区

如图1-1所示的黑色区域即为绘图区，绘图区类似于手工绘图时的图纸，是用户使用中望CAD 2014进行绘图并显示所绘图形的区域。绘图区实际上是无限大的，用户可以通过使用"缩放""平移"等命令在有限的屏幕范围来观察绘图区中的图形。在默认情况下，绘图区的背景颜色是黑色的。

在实际操作中用户可以将默认的黑色背景改为白色，设置方法如下：

执行"工具"→"选项"命令，在"显示"选项卡中单击"颜色"按钮，在弹出的对话框中将"统一背景"颜色设置为"白"。

绘图区中还包括十字光标、坐标系。十字光标的交点为当前光标的位置。默认情况下，左下角的坐标系为世界坐标系。

■ 二、文件操作

1. 新建文件

（1）命令行：在命令行输入"NEW"命令。

（2）工具栏：单击"标准"工具栏上的"新建"按钮。

（3）菜单栏：执行"文件"→"新建"命令。

（4）快捷键：Ctrl+N。

2. 打开文件

（1）命令行：在命令行输入"OPEN"命令。

（2）工具栏：单击"标准"工具栏的"打开"按钮 📂。

（3）菜单栏：执行"文件"→"打开"命令。

（4）快捷键：Ctrl+O。

3. 保存文件

（1）命令行：在命令行输入"SAVE"命令。

（2）工具栏：单击"标准"工具栏的"保存"按钮 💾。

（3）菜单栏：执行"文件"→"保存"命令。

（4）快捷键：Ctrl+S。

4. 换名保存文件

（1）命令行：在命令行输入"SAVEAS"命令。

（2）菜单栏：执行"文件"→"另存为"命令。

技巧提示：在保存文件时，文件的命名应形象、直观，以便于以后使用、查找和管理。用户应养成随时保存的习惯。特别是绘制大型图形时，应及时保存数据，避免因意外而造成不必要的损失。

此外，还应该注意保存的文件类型。在保存文件时如在"文件类型"下拉列表中选择"图形样板文件（*.dwt）"，则文件将被保存为样板文件，以后选择该样板文件开始新建文件，可直接进行图形的绘制而不必每次重复进行图层的设置。

5. 关闭文件

单击菜单栏右侧的"关闭"按钮 ❌ 即可关闭当前文件。关闭当前文件前，如果没有存盘，那么系统将提示是否需要保存，若需要保存则单击"是"按钮，若不需要保存则单击"否"按钮。

任务实施

一、资讯

（1）如何将文件保存为样板文件？

（2）将文件保存和另存为有什么区别？

二、计划与决策

组员共同学习本任务知识链接，讨论并制订绘制样板文件的准备工作，填在表1-1中。

表 1-1 工作计划

序号	内容	绘图准备工作	完成时间
1			
2			
3			
4			
5			

三、实施

按决策的内容实施绘图工作，运用中望 CAD 2014 进行绘图环境设置，即样板文件的创建，具体步骤如下：

1. 新建绘图文件

启动中望 CAD 2014 软件，可双击 图标，打开中望 CAD 2014 软件。

打开新图形文件，执行"文件"→"保存"命令，或单击"保存"按钮 ，在弹出的"图形另存为"对话框中，在"保存在"列表框指定保存路径，接下来在文件类型下拉列表中选择"图形样板文件（*.dwt）"，在"名称"文本框中输入"样板文件"。单击"保存"按钮 保存(S) 后，图形文件被保存为"样板文件.dwt"文件。

2. 设置绘图区域界限及单位

（1）执行"格式"→"单位"命令（UN），打开"图形单位"对话框，将长度单位类型设定为"小数"，精度为"0.000"，角度单位类型设定为"十进制度数"，精度为"0.00"，如图 1-8 所示，设置完成后单击"确定"按钮 确定 即可。

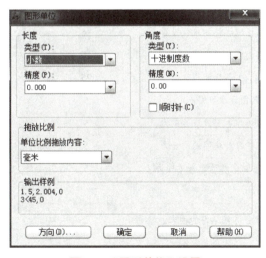

图 1-8 "图形单位"设置

（2）执行"格式"→"图形界限"命令，依据提示，设定图形界限的左下角为（0，0），右上角为（42 000，29 700）。

（3）在命令行输入 ZOOM（Z）→确认（Enter 键或空格键）→A，使输入的图形界限区域全部显示在图形窗口内。

3．调整光标和拾取框的大小

在命令行窗口单击鼠标右键，在弹出的快捷菜单中选择"选项"命令，在弹出的"选项"对话框中选择"显示"标签，调整十字光标的大小；选择"选择集"标签，调整拾取框的大小。

4．调用工具栏

在工具栏上单击鼠标右键，在弹出的快捷菜单中选择"自定义"，调出UCS、标注、参照、曲面、三维动态观察器、视图、实体和实体编辑、着色等工具栏，并放在合适的位置（将标注、参照、三维动态观察器放置在上方，其他靠左放置）。

5．扫描二维码观看样板文件的创建视频

样板文件的创建

四、评价与总结

任务完成后进行自我评价和小组评价并认真书写任务总结，最后交由教师评价（表1-2）。

表1-2　评分标准

评价指标	评价内容	分值	自评	组评	师评
线上自学 （20分）	能够自学线上资源	5			
	完成课前自测	5			
	完成课前讨论	5			
	完成课后自测	5			
知识目标 能力目标 完成情况 （60分）	绘图文件的创建	10			
	绘图区域界线和单位设置	15			
	调整光标和拾取框的大小	10			
	工具栏调用	25			
素质目标 达成情况 （20分）	制图标准习惯养成	5			
	小组协作、交流表达能力	5			
	自主学习解决问题的能力	5			
	大胆尝试、勇于创新的能力	5			
	合计				
总结	1．描述本任务新学习的内容。 2．总结在任务实施中遇到的困难及解决措施。 3．总结本任务学习的收获				

一、判断题

1. AutoCAD 只能进行二维图形的绘制。 （　　）
2. 绘图工作区的背景颜色不能修改。 （　　）

二、单选题

1. 下列界面组成部分不在程序默认的界面中的是（　　）。

　　A. 菜单栏　　　　　　B. 状态栏　　　　　　C. 标题栏　　　　　　D. 功能区

2. AutoCAD 文件默认的保存文件格式为（　　）。

　　A. ".dxf"　　　　　　B. ".doc"　　　　　　C. ".dwg"　　　　　　D. ".dwt"

3. 对已有图形进行修改后希望仍保留原来的文件，应该选择（　　）。

　　A. 保存　　　　　　B. 另存为　　　　　　C. 自动保存　　　　　　D. 打开

三、多选题

1. AutoCAD 的功能有（　　）。

　　A. 绘图功能　　　　　　　　　　B. 编辑修改功能

　　C. 图形输出功能　　　　　　　　D. 注释功能

2. 启动 AutoCAD 软件的方式有（　　）。

　　A. 双击桌面程序图标

　　B. 单击开始菜单→所有程序→Autodesk→中望 AutoCAD 2014 中的程序图标

　　C. 单击 ".dwg" 文件

　　D. 双击 ".dwg" 文件

任务二　命令操作及图形显示控制

课前准备

预习本任务内容，回答下列问题。

引导问题1： "缩放"命令 ZOOM 会不会更改图形中对象的绝对大小？

_____

_____

引导问题2： 你能用几种方法完成直线的绘制？

_____

_____

_____

●知识链接

■ 一、执行命令的方法

1.命令行输入法

中望CAD 2014提供了命令窗口，如图1-9所示。

图1-9 命令窗口

用户在命令行中输入命令的名称，并按Enter键或空格键，即可执行该命令。

2.下拉菜单法

除通过在命令行中输入命令的名称执行命令外，用户还可以通过下拉菜单执行命令，如图1-10所示。

3.工具按钮法

可以单击工具栏中的工具按钮执行命令，这是最常用的执行命令的方法。

4.在命令行中右击

在命令行的任意位置右击，系统将弹出快捷菜单，在"近期使用的命令"中选择需要执行的命令即可，如图1-11所示。

图1-10 下拉菜单

图1-11 命令行中右击弹出的快捷菜单

5. 在绘图窗口中右击

在绘图窗口中右击，系统将弹出图 1-12 所示的快捷菜单，从"最近的输入"中选择需要的命令即可。

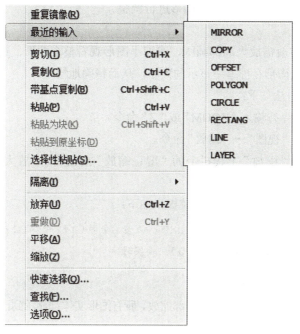

图 1-12　绘图窗口中右击弹出的快捷菜单

二、命令的重复、撤销、重做、中止

1. 命令的重复

按 Enter 键或空格键，或者单击鼠标右键，在弹出的快捷菜单中选择"重复"命令，系统将自动执行前一次操作的命令。

2. 命令的撤销

（1）命令行：在命令行输入"UNDO"或"U"命令。

（2）菜单栏：执行"编辑"→"撤销"命令。

（3）工具栏：单击"标准"工具栏的"撤销"按钮 。

3. 命令的重做

（1）命令行：在命令行输入"UNDO"或"U"命令后，立刻在命令行中输入命令"REDO"。

（2）菜单栏：执行"编辑"→"重做"命令。

（3）工具栏：单击"标准"工具栏的"重做"按钮 。

4. 命令的中止

命令的中止即中断正在执行的命令，回到等待命令状态。调用的方式如下：

（1）键盘命令：按 Esc 键。

（2）鼠标操作：右击，取消。

在绘制图形时，由于屏幕尺寸的限制，有时无法看清楚图形的细节，影响绘图的准确度，因此，可以使用"缩放工具"和"平移工具"对图形进行调整。

1. 缩放工具

在绘制图形时，有时需放大局部画图，或缩小图形观看整个图形，这样就经常要对视窗进行放大和缩小，以改变图形在屏幕中显示的大小，从而精确地绘图。

"缩放"命令启动方法如下：

（1）命令行：在命令行输入"ZOOM"或"Z"命令。

（2）菜单栏：执行"视图"→"缩放"命令。

（3）工具栏：单击"缩放"工具栏上的"窗口缩放"按钮 、"放大"按钮 、"缩小"按钮 。

在命令行执行"ZOOM"命令后，系统提示如下：

> 指定窗口的角点，输入比例因子（nX或nXP），或者［全部（A）/中心（C）/动态（D）/范围（E）/上一个（P）/比例（S）/窗口（W）/对象（O）/]<实时>:

以上各选项含义和功能说明如下：

（1）全部：选择该选项，系统将图形全部缩放，所有图形实体都显示到已设定的图形范围之内，这是常用的缩放类命令。

（2）中心：选择该选项，既可以用十字光标完成中心点取点操作，也可以输入坐标值完成中心点取点操作。

（3）动态：系统将临时显示整个图形，同时自动创建一个矩形视窗，通过移动视窗和调整视窗大小控制图形的缩放位置和大小。

（4）范围：系统会将所有图形都显示在屏幕上，并最大限度充满整个屏幕。这种方式会使图形重新生成，速度较慢。

（5）上一个：系统将返回上一视图，连续使用，可逐步返回以前的视图，最多可返回以前的10个视图。

（6）比例：该命令将保持图形的中心点位置不变，允许用户输入新的缩放比例倍数对图形进行缩放。系统提供了两种比例系数输入方式：一种是在数字后加字母X，表示相对当前视图的缩放；一种是在数字后加字母XP，表示相对图纸空间的缩放。

（7）窗口：该方式通过定义两个对角点来确定一个矩形窗口，把窗口内的图形放大到整个视口范围。

（8）对象：该方式将选定的一个或多个对象尽可能大地显示在视口中，并使其位于视口的中心。

技巧提示：滚动鼠标中间的滚轮也可以进行图形的缩放。向上，放大图形显示；向下，则缩小图形显示。双击滚轮，则将图形满屏显示。

2. 平移工具

使用平移工具可平移屏幕，以显示屏幕外的画面部分，并保持原来的比例。

"平移"命令启动方法如下：

（1）命令行：在命令行输入"PAN"或"P"命令。

（2）菜单栏：执行"视图"→"平移"→"实时"命令。

（3）工具栏：单击"标准"工具栏的"实时平移"按钮🖐️。

执行"平移"命令后，屏幕中会出现小手图标，可以上、下、左、右移动屏幕。按Esc键或Enter键可以退出，或单击鼠标右键显示快捷菜单。

技巧提示：按住鼠标滚轮，拖动鼠标可对图形进行平移。"实时缩放""实时平移"均为透明命令（指在执行某一个命令的过程中去执行另一个命令）。

3．重画工具

使用"重画工具"可以删除点标记及一些杂乱内容，将视图重画。

"重画"命令启动方法如下：

（1）命令行：在命令行输入"REDRAW"命令。

（2）菜单栏：执行"视图"→"重画"命令。

4．重生成工具

使用"重生成工具"可以在当前视口中重生成整个图形并重新计算所有对象的屏幕坐标，还可重新创建图形数据库索引，从而优化显示和对象选择的性能。

"重生成"命令启动方法如下：

（1）命令行：在命令行输入"REGEN"或"RE"命令。

（2）菜单栏：执行"视图"→"重生成"命令。

在绘图时，一些曲线、圆或圆弧等图形会呈锯齿形显示，这不是图形本身出现的问题，而是屏幕显示的结果，此时只要执行"重生成"命令，就会恢复原来圆滑的曲线、圆或圆弧，如图1-13所示。

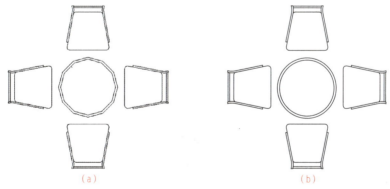

（a）   （b）

图1-13   执行"重生成"命令前后图形显示的对比

（a）重生成前，圆形呈锯齿形显示；（b）重生成后，圆形呈圆滑显示

◤任务实施◢

一、资讯

（1）用圆命令绘制出来的图形，显示的却是多边形，这是什么原因？应如何解决？

（2）什么是透明命令？

（3）"重画"命令和"重生成"命令相同吗？

二、计划与决策

组员共同阅读知识链接内容，讨论命令操作及图形显示控制的工作计划，填在表1-3中。

表1-3　工作计划

序号	内容	绘图准备工作	完成时间
1			
2			
3			
4			
5			

三、实 施

按决策的内容实施绘图工作，运用中望CAD 2014使用至少三种方法绘制出任意三条直线，并任意执行几个命令，使用"撤销""重做""中止""重复"命令以了解其作用。具体步骤如下：

（1）使用命令行输入法绘制任意一条直线。

1）在命令行输入"LINE"或"L"，即"直线"命令，按Enter键。

2）在绘图区任意位置单击，确定直线的第一点，在另一任意位置单击，确定直线的第二点，直线绘制完成。

（2）使用菜单法绘制任意直线。执行菜单栏"绘图"→"直线"命令。

（3）使用工具按钮法绘制任意直线。单击"绘图"工具栏上的"直线"按钮 ✎。

后面两种方法第二步做法与命令行输入法，即第一种方法的第二步完全相同。

（4）任意执行几个命令，使用"重复""撤销""重做""中止"命令以了解其作用。

（5）利用滚轮将图形进行放大、缩小、满屏和平移的操作。

（6）执行"ZOOM"命令的比例缩放，比较0.5X与2X两种缩放方式的缩放效果。

1）在命令行输入"ZOOM"或"Z"，按Enter键。

2）在命令行提示的缩放方式中选择比例，输入"S"。

3）提示输入比例因子（nX或nXP），输入0.5X，观察图形显示效果。

4）执行"撤销"命令。

5）在命令行输入"ZOOM"或"Z"命令，按Enter键。

6）在命令行提示的缩放方式中选择比例，输入"S"。

7）提示输入比例因子（nX或nXP），输入2X，观察图形显示效果。

（7）扫描二维码观看命令操作及图形显示控制的操作视频。

命令执行的三种方法

ZOOM 视图缩放

四、评价与总结

任务完成后进行自我评价和小组评价并认真书写任务总结，最后交由教师评价（表1-4）。

表1-4 评分标准

评价指标	评价内容	分值	自评	组评	师评
线上自学 （20分）	能够自学线上资源	5			
	完成课前自测	5			
	完成课前讨论	5			
	完成课后自测	5			
知识目标 能力目标 完成情况 （60分）	用至少三种方法启动命令	10			
	命令的重复、中止、撤销、重做	20			
	放大、缩小、满屏和平移	20			
	"ZOOM"命令的比例缩放	10			
素质目标 达成情况 （20分）	制图标准习惯养成	5			
	小组协作、交流表达能力	5			
	自主学习解决问题的能力	5			
	大胆尝试、勇于创新的能力	5			
合计					
总结	1. 描述本任务新学习的内容。 2. 总结在任务实施中遇到的困难及解决措施。 3. 总结本任务学习的收获				

一、多选题

1. 重复刚才执行过的命令，采用的操作方法是（　　　）。

    A. 按空格键

    B. 按 Enter 键

    C. 单击鼠标右键，在快捷菜单中选择"重复"命令

    D. 按 ESC 键

2. 当图形被"ERASE"命令删除后，可以使用（　　）命令恢复。

    A. UNDO   B. U   C. OOPS   D. REDO

二、判断题

1. AutoCAD 的命令只能在命令行输入才能启动。   （　　　）

2. 所有的命令都可以用按 Enter 键或者按空格键的方式结束。   （　　　）

3. 使用鼠标的滚轮可以对图形进行放大和缩小。   （　　　）

任务三　坐标系介绍及坐标输入

课前准备

预习本任务内容，回答下列问题。

引导问题1： 中望CAD 2014的坐标系有哪几种？分别有什么特点？

_____

_____

引导问题2： 指出坐标原点（0，0）的位置，并说明如何精确找到该点？

_____

_____

_____

知识链接

一、中望CAD 2014的坐标系

1. 世界坐标系

中望CAD 2014提供了一个绝对的坐标系，称为世界坐标系（World Coordinate System，

WCS），该坐标系存在于任何一个图形之中，并且不可更改。

世界坐标系（WCS）是中望CAD 2014的基本坐标系，其中，Z轴是水平的，Y轴是垂直的，Z轴垂直于XY平面，原点为图形界限左下角X、Y、Z轴的交点（0，0，0），绘图时一般是在这个坐标系中进行的，如图1-14所示。

2. 用户坐标系

相对于世界坐标系（WCS），用户可根据需要创建无限多的坐标系，这些坐标系称为用户坐标系（User Coordinate System，UCS），用户坐标系（UCS）是一种可移动的坐标系，可以使用"UCS"命令对其进行定义、保存、恢复和移动等操作。由于在绘图中经常需要修改坐标系的原点和方向，因此使用用户坐标系十分方便。用户坐标系如图1-15所示。

图 1-14 世界坐标系   图 1-15 用户坐标系

二、坐标输入

在中望CAD 2014中，点的输入可以使用鼠标拾取，也可以通过键盘输入。用键盘输入点的坐标可以精确定点，有绝对直角坐标、相对直角坐标、绝对极坐标、相对极坐标四种。

1. 绝对直角坐标

绝对直角坐标是表示某点相对于当前坐标原点的坐标值，通过直接输入X、Y、Z坐标值来表示（如果是绘制平面图形，Z坐标默认为0，可以不输入）。其格式为"X，Y"。如图1-16所示，点A的绝对直角坐标为（15，10），点B的绝对直角坐标为（32，30）。

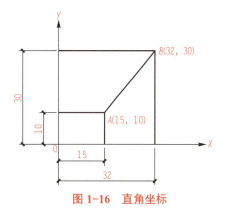

图 1-16 直角坐标

2. 相对直角坐标

相对直角坐标是用相对于上一已知点之间的绝对直角坐标值的增量来确定输入点的位置，其格式为"@X，Y"。如图1-16所示，点B相对于点A的相对直角坐标为"@17，20"，而点A相对于点B的相对直角坐标为"@-17，-20"。

3. 绝对极坐标

使用"长度<角度"的方式表示输入点的位置。长度是指该点与坐标原点之间的距离；角度是指该点与坐标原点的连线与X轴正方向之间的夹角，逆时针方向为正，顺时针方向为负。如图1-17所示，点C的绝对极坐标为"35<30"。

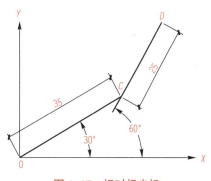

图 1-17 相对极坐标

4. 相对极坐标

用相对于上一已知点之间的距离和与上一已知点的连线与 X 轴正方向之间的夹角来确定输入点的位置，其格式为"@长度<角度"。如图1-17所示，点 D 相对于点 C 的相对极坐标为"@25<60"，点 C 相对于点 D 的相对极坐标为"@25<240"。

任务实施

一、资讯

（1）说一说在绘图过程中不经常使用绝对直角坐标的原因是什么？

（2）相对极坐标和相对直角坐标的格式分别是什么？

二、计划与决策

组员共同识读图1-18所示的几何图形，讨论并制订利用坐标输入点绘制几何图形的工作计划，填在表1-5中。

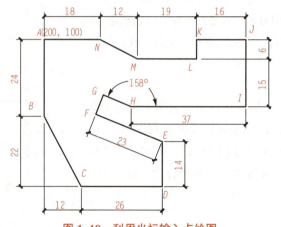

图 1-18　利用坐标输入点绘图

表 1-5　工作计划

序号	内容	绘图准备工作	完成时间
1			
2			
3			
4			
5			

三、实施

运用中望CAD 2014软件的坐标输入法，绘制图1-18所示的几何图形。

（1）利用绝对直角坐标、相对坐标和相对极坐标，绘制几何图形。具体操作步骤如下：

1）单击状态栏"对象捕捉"按钮，启用对象捕捉，单击状态栏"极轴追踪"按钮，启用极轴追踪，将角度设置为90°，单击状态栏"对象捕捉追踪"按钮，启用对象捕捉追踪。

2）启动"直线"命令，在命令行输入A点的绝对直角坐标"200，100"，按Enter键，确定A点。

3）利用极轴追踪，向下移动鼠标光标，出现270°追踪辅助线，输入24，按Enter键，确定B点。

4）在命令行输入点C相对于点B的相对坐标"@12，-22"，按Enter键，确定C点。

5）利用极轴追踪，确定D点和E点。

6）识图可知线段EF和HG是平行关系，所以，线段EF与X轴正方向的夹角也是158°，在命令行输入点F相对于点E的相对极坐标"@23<158"，结束"直线"命令。

7）重新启动"直线"命令，利用对象捕捉功能，精确捕捉到A点，利用极轴功能，确定N点。

8）在命令行输入点M相对于点N的相对坐标"@12，-6"，按Enter键，确定M点。

9）利用极轴追踪，绘制线段ML、LK、KJ、JI、IH。

10）利用对象追踪绘制线段HG。线段HG与X轴正方向的夹角为158°，将极轴角度设置为158°，但长度无法计算，不过从图形上来看，GF与EF相互垂直，右击状态栏的"对象捕捉"按钮，在弹出的快捷菜单中选择"设置"，然后在对话框中勾选"垂足"复选框，注意此时要将其他对象捕捉模式关闭，以免混淆，影响垂足点的选取。将鼠标光标移到点F上，然后向右上垂直于线段EF的方向移动鼠标光标，出现一条追踪线（显示为一条虚线），即为EF的垂线，当极轴夹角显示为158°时，如图1-19所示，单击即可确定G点。

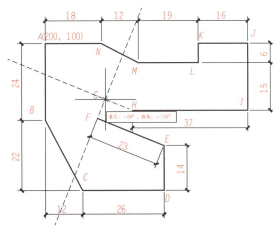

图1-19 利用"对象捕捉""对象追踪"确定点G

11）利用对象捕捉，直接单击F点，绘制出线段GF，至此图形绘制完毕，保存图形文件。

（2）扫描二维码观看利用坐标输入绘制几何图形的操作视频。

坐标输入绘制几何图形

四、评价与总结

任务完成后进行自我评价和小组评价并认真书写任务总结，最后交由教师评价（表1-6）。

表1-6 评分标准

评价指标	评价内容	分值	自评	组评	师评
线上自学 （20分）	能够自学线上资源	5			
	完成课前自测	5			
	完成课前讨论	5			
	完成课后自测	5			
知识目标 能力目标 完成情况 （60分）	状态栏辅助绘图工具设置	15			
	绝对坐标	10			
	相对坐标	10			
	相对极坐标	10			
	利用"对象捕捉""对象追踪"确定点	15			
素质目标 达成情况 （20分）	制图标准习惯养成	5			
	小组协作、交流表达能力	5			
	自主学习解决问题的能力	5			
	大胆尝试、勇于创新的能力	5			
	合计				
总结	1. 描述本次任务新学习的内容。 2. 总结在任务实施中遇到的困难及解决措施。 3. 总结本任务学习的收获				

课后任务

一、判断题

1. 相对坐标是指相对于坐标原点的坐标值。　　　　　　　　　　　　　　（　　）

2. 绝对直角坐标是点的真实坐标。　　　　　　　　　　　　　　　　　　（　　）

二、单选题

1. 下列直角坐标系的坐标输入正确的是（　　）。

    A. 20，10　　　　　　　　　　　　　B. 20<10

    C. 10>20　　　　　　　　　　　　　D. 20，10

2. 极坐标输入在极径和极角间输入（　　）符号。

    A. @　　　　　　　B. *　　　　　　　C. #　　　　　　　D. <

三、填空题

1. 相对坐标的输入要在坐标值前面加_____符号。

2. 在中望 AutoCAD 2014 中，坐标系统包括_____和_____，在绘图过程中，将这两种坐标系结合使用，可以绘制出精度很高的图形。

四、绘图题

1. 绝对坐标练习题，如图 1-20 所示。

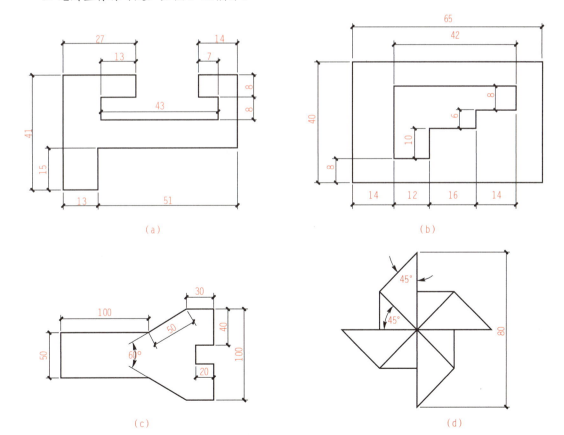

（a）　　　　　　　　　　　　　　　　（b）

（c）　　　　　　　　　　　　　　　　（d）

图 1-20　绝对坐标练习题

2. 相对坐标练习题，如图1-21所示。

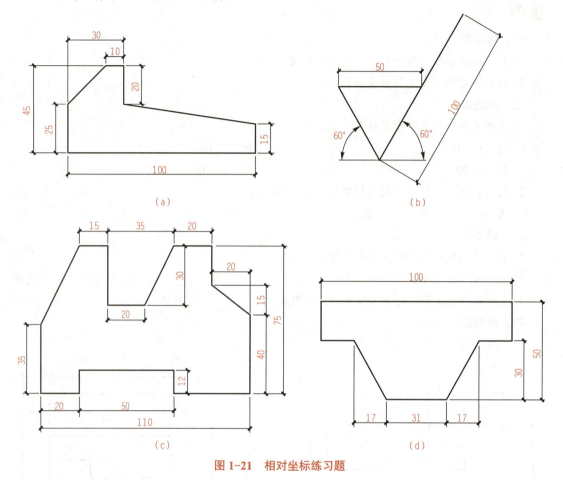

图 1-21　相对坐标练习题

3. 相对极坐标练习题，如图1-22所示。

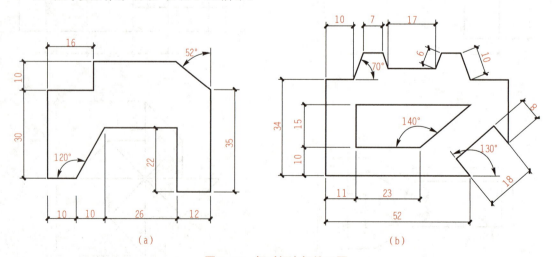

图 1-22　相对极坐标练习题

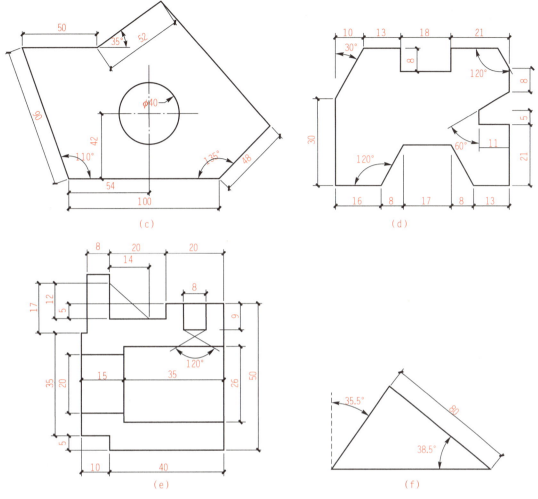

图 1-22　相对极坐标练习题（续）

任务四　图层的设置

预习本任务内容，回答下列问题。

引导问题1：图层的作用是什么？

知识链接

一、图层的作用

进行传统动画制作时，常在不同的透明玻璃纸上作画，透过上面的玻璃纸可以看见叠放在其下面纸上的内容，由于各内容处于不同的玻璃纸上，因此，修改上一层玻璃纸上的内容不会影响到下一层玻璃纸上的内容。最终，将所有玻璃纸叠加起来，通过移动各层玻璃纸的相对位置或添加更多的玻璃纸即可改变最后的合成效果。其中，这些玻璃纸就是分隔动画不同部分的层。

在中望CAD 2014中，图层类似动画制作中的玻璃纸，是计算机绘图中使用的重叠图纸。例如，绘制某个部件时，可以将轮廓线、结构中心线、尺寸标注和文本标注放在不同的层上，然后将这些层叠放在一起便可构成一幅完成的平面图，如图1-23所示。

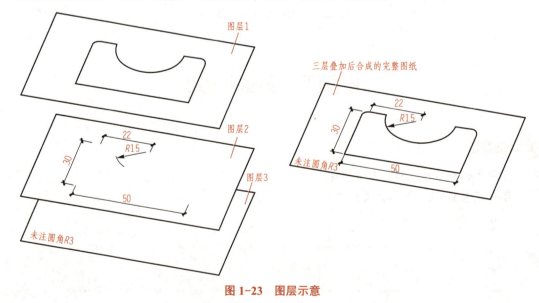

图1-23 图层示意

通过创建图层，可以将类型相似的对象指定给同一个图层使其相关联。例如，将轴线、墙体、门窗、设备、文字、尺寸标注等置于不同的图层上，便可以控制其可见性、线型、线宽、颜色、可编辑性、打印样式等。

■ 二、图层操作

利用"图层特性管理器"对话框，用户可以进行创建新图层、设置当前层、重命名或删除选定图层，设置或更改选定图层的特性（颜色、线型、线宽等）和状态（开/关、锁定/解锁、冻结/解冻等）等操作。

1. 创建和删除图层、重命名图层、设置当前图层
创建图层的方法如下：

（1）命令行：在命令行输入"LAYER"命令。

（2）菜单栏：执行"格式"→"图层"命令。

（3）工具栏：单击"图层"工具栏的"图层特性管理器"按钮。

执行上述操作后，将弹出图1-24所示的"图层特性管理器"对话框，系统默认创建"0"图层。

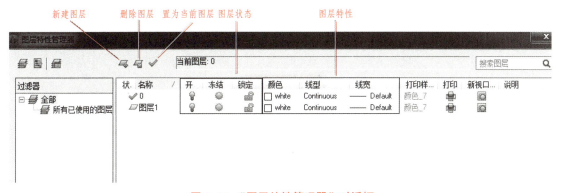

图1-24　"图层特性管理器"对话框

在"图层特性管理器"对话框中，单击"新建图层"按钮，图层列表中将显示名为"图层1"的新图层，且处于被选中状态，即已创建一个新图层；单击新图层的名称，在"名称"文本框中输入图层的名字，即可为新图层重命名；在"图层特性管理器"对话框中，单击"置为当前图层"按钮，可将选定图层设置为当前图层；单击"删除图层"按钮，即可将选定图层删除。

技巧提示：（1）在一个图形文件中，用户可以根据需要创建许多图层，但当前层（即当前作图所使用的图层）只有一个，用户只能在当前层上绘制图形对象。

（2）系统默认创建的0层、包含对象的图层及当前层均不能被删除。

2. 设置图层特性
图层特性包含颜色、线型和线宽等。中望CAD 2014提供了丰富的颜色、线型和线宽。用户可以在"图层特性管理器"对话框中，单击相应图标为选定的图层设置以上特性。

技巧提示：（1）在加载了所需的线型并返回到"选择线型"对话框时，系统不会直接选中刚加载的线型，需用户自行选择后单击"确定"按钮，才能将加载的线型设置到图层中。

（2）在"线型管理器"对话框中单击"显示细节"按钮，在该对话框中将出现"全局比例因子"文本框，该文本框用于设置当前图形中所有对象的线型比例，"当前对象缩放比例"文本框中的

数字只对新绘制的图形起作用。在"全局比例因子"文本框中输入不同的数值，图形会显示不同的效果。

图1-25所示为同一种线型使用不同比例因子的效果。

(a)

- -

(b)

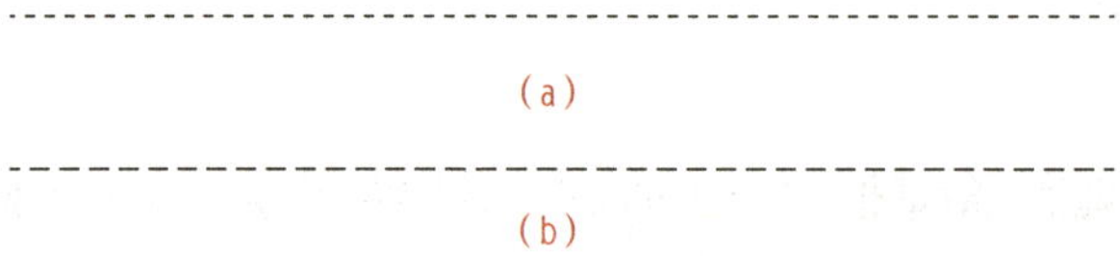

图1-25　同一种线型使用不同比例因子的效果

(a) 1∶10；　(b) 1∶20

3.图层的状态

（1）开/关状态：关闭图层可以使相应图层上的对象不显示出来（打印时也不会打印）。

（2）冻结/解冻状态：冻结图层后，按钮由太阳☀变成雪花❄，图层上的对象既不可见也不能被编辑，系统不显示、不重生成或不打印冻结图层上的对象，同样不能在冻结的图层中创建对象。

（3）锁定/解锁状态：可以将图层锁定，此时图层可见但是不能被编辑。挂锁关闭时图标显示为🔒，图层被锁定；挂锁打开时图标显示为🔓，图层被解锁。

技巧提示：冻结与关闭的区别是：冻结图层可以减少系统重新生成图形的计算时间。

任务实施

一、资讯

（1）为何有时选用设置的中心线线型，绘制出来的却是连续的直线？

（2）绘制建筑平面图时，常见的图层有哪些？

二、计划与决策

组员共同识读样板文件图层的设置，讨论并制订绘图的工作计划，填在表1-7中。

表1-7　工作计划

序号	内容	绘图准备工作	完成时间
1			
2			
3			
4			
5			

三、实施

（1）打开之前创建的样板文件。

1）启动中望CAD 2014软件，可双击图标，打开中望CAD 2014软件。

2）打开模板文件，执行"文件"→"打开"命令，或单击"打开"按钮，将文件类型设置为"图形样板（*.dwt）"，在弹出的"选择文件"对话框中选中"样板文件"。单击"打开"按钮。

（2）按要求设置图层及有关特性，具体要求见表1-8。

表 1-8　样板文件图层设置

图层名	颜色	线 型	线宽	层上主要内容
0	白	Continuous	Default	图框等
01	白	Continuous	0.50	粗线
02	青	Continuous	基于粗线的线宽，按线宽组要求设置这些图层的线宽	中粗线
03	洋红	Continuous		中线
04	蓝	Continuous		细线
05	红	Center		单点长画线
06	绿	Hidden		虚线

对单点长画线和虚线线型要求如下：

1）打开图层特性管理器，依次新建01 ～ 06图层。

2）修改各图层的颜色。

3）按要求修改线型定义文件，使单点长画线和虚线按图1-26尺寸要求定制，并将修改后的线型定义文件或制作的线型文件命名为"XXDY.lin"后另存。

图 1-26　定制线型尺寸要求

①在05图层加载线型，找到默认的线型文件，将其用记事本打开并另存到桌面，文件名为"XXDY.lin"；

②将Center的线型尺寸参数修改为12，-1，1，-1；

③将Hidden的线型尺寸参数修改为3，-1；

④将05和06图层的线型依次从新创建的XXDY文件中加载。

4）修改各图层的线宽，04 ～ 06图层线宽为0.13，03图层线宽为0.25，02图层线宽为0.35，01图层线宽为0.5。

（3）扫描二维码观看样板文件图层设置的视频。

样板文件图层设置

四、评价与总结

任务完成后进行自我评价和小组评价并认真书写任务总结，最后交由教师评价（表1-9）。

表1-9　评分标准

评价指标	评价内容	分值	自评	组评	师评
线上自学 （20分）	能够自学线上资源	5			
	完成课前自测	5			
	完成课前讨论	5			
	完成课后自测	5			
知识目标 能力目标 完成情况 （60分）	样板文件的打开	10			
	新建图层	10			
	修改图层颜色	10			
	定制线型并保存线型文件	10			
	加载线型	10			
	修改线宽	10			
素质目标 达成情况 （20分）	制图标准习惯养成	5			
	小组协作、交流表达能力	5			
	自主学习解决问题的能力	5			
	大胆尝试、勇于创新的能力	5			
	合计				
总结	1. 描述本任务新学习的内容。 2. 总结在任务实施中遇到的困难及解决措施。 3. 总结本任务学习的收获				

一、判断题

1. 0图层的名字可以修改。 （　　）

2. 一图层上对象不可以被编辑或删除，但在屏幕上还是可见的，而且可以被捕捉到，则该图层被冻结。 （　　）

二、单选题

1. 要想按照图层设置的特性来绘制图形，需要将对象特性中的颜色、线型、线宽设为（　　）。

　　A. Bylayer　　　　　　　B. Byblock　　　　　　C. 随意指定　　　　　　D. 空白

2. 中心线图层的线型是（　　）。

　　A. Center　　　　　　　B. Dashed　　　　　　　C. Hidden　　　　　　　D. 默认

三、多选题

1. 在"图层特性管理器"对话框中可以对图层进行的设置是（　　）。

　　A. 修改图层名称　　　　　　　　　　B. 设置图层颜色

　　C. 设置图层线宽　　　　　　　　　　D. 设置图层线型

2. 关于图层的可见性的描述，下列说法正确的是（　　）。

　　A. 在AutoCAD中，可以控制图层的可见性

　　B. 在关闭了一个图层后，该图层上的对象将不可见

　　C. 在关闭了一个图层后，该图层上的对象将能被打印输出

　　D. 虽然图不可见，但仍可以将它设置为当前图层

任务五　利用辅助绘图工具快速精确绘图

◎ 课前准备

预习本任务内容，回答下列问题。

引导问题1： 在绘图过程中，经常要指定的图形特殊点有哪些？这些特殊点分别是用什么符号来标记的？

_____

_____

引导问题2： 显示栅格，打开"捕捉"模式，移动十字光标并观察此时光标的位置。

_____

_____

要快速、准确地绘图，需要借助辅助绘图工具，如栅格显示、捕捉模式、极轴追踪、对象捕捉追踪、正交模式、对象捕捉等。使用这些绘图辅助工具可以准确定位，提高绘图效率。

一、栅格显示和捕捉模式

捕捉用来控制十字光标移动的最小步距，以便精确定点；栅格相当于坐标纸上的方格，可以直观地显示对象之间的距离，便于用户定位对象。栅格在屏幕上是可见的，但它并不是图形对象，不会被打印，只是起到参照的作用。捕捉和栅格两者通常配合使用，以便快速、精确地绘制图形。

1. 栅格显示和捕捉模式功能的打开或关闭

（1）状态栏：单击状态栏上"栅格显示"按钮▦和"捕捉模式"按钮▦。

（2）功能键：F7键（栅格）、F9键（捕捉）。

（3）对话框：右击状态栏上的"栅格显示"按钮▦或"捕捉模式"按钮▦，在弹出的快捷菜单中选择"设置"命令，即可弹出图1-27所示的"草图设置"对话框，在该对话框中选择"捕捉和栅格"选项卡，勾选"启用捕捉"复选框和"启用栅格"复选框。

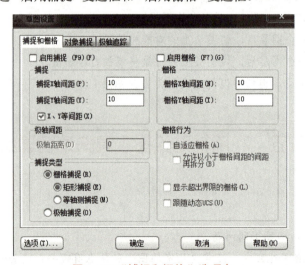

图1-27 "捕捉和栅格"选项卡

技巧提示：栅格还可以显示当前图形界限的范围，因为栅格只在图形界限以内显示。

2. 捕捉间距和栅格间距的设置

在图1-27所示"草图设置"对话框中的"捕捉"和"栅格"选项组中可以设置捕捉和栅格的间距。捕捉间距不是必须与栅格间距相同，捕捉间距的 X 轴间距和 Y 轴间距也可以设置为不同，但一般栅格与捕捉的间距应设置为相同的数值，这样十字光标就会自动捕捉到相应的栅格点上。

二、正交模式

当打开正交模式后，系统将控制光标只沿当前坐标系的 X、Y 轴平行方向上移动，以便在水平或垂直方向上绘制和编辑图形。在绘图和编辑过程中，可以随时打开或关闭"正交"模式。

打开正交模式的方法如下：

（1）状态栏：单击状态栏上"正交"按钮 。

（2）功能键：F8键。

三、极轴追踪

利用"极轴追踪"功能可以沿预先指定的角度增量方向追踪定点，是精确绘图非常有效的辅助工具。

在绘图过程中，可以随时打开或关闭"极轴追踪"功能，常用方法如下：

（1）状态栏：单击状态栏中的"极轴追踪"按钮 。

（2）功能键：F10键。

（3）对话框：右击状态栏中的"极轴追踪"按钮，在弹出的快捷菜单中选择"设置"命令，即可弹出图1-28所示的"草图设置"对话框，在该对话框的"极轴追踪"选项卡中，勾选"启用极轴追踪"复选框。

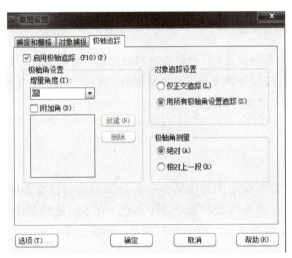

图1-28 "极轴追踪"选项卡

通过设置极轴角度增量可以确定极轴追踪方向。

技巧提示： 正交模式和极轴追踪不能同时打开，打开其中一个，系统会自动关闭另一个。

四、对象捕捉追踪

使用对象捕捉追踪功能可以相对于对象捕捉点沿指定的方向追踪定点，也是非常有效的绘图辅助工具。在绘图过程中，可以随时打开或关闭对象捕捉追踪功能。

打开对象捕捉追踪功能的方法如下：

（1）状态栏：单击状态栏中的"对象捕捉追踪"按钮 。

（2）功能键：F11键。

（3）对话框：在"对象捕捉"选项卡中，勾选"启用对象捕捉追踪"复选框。

启用该功能后，执行一个绘图命令后将十字光标移动到一个对象捕捉点处作为临时获取点，但此时不要点击它，当显示出捕捉点标识之后，暂时停顿片刻即可获取该点。获取点之后，当移动鼠标光标时，将显示相对于获取点的水平、垂直或极轴对齐的追踪线。

例：从点 *C* 绘制一条夹角为 65° 的直线 *CD*，点 *D* 要求与点 *B* 保持水平，如图 1-29 所示。

启动"直线"命令，指定点 *C* 为起点后，将鼠标光标移动到点 *B* 停留片刻后向右移动，即出现图 1-30 所示的追踪线，当夹角为 65° 时单击，即可在两追踪线相交的位置确定点 *D* 的位置，绘制直线 *CD*。

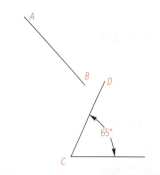

图 1-29　定点、定角度直线

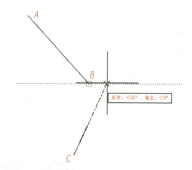

图 1-30　使用"对象追踪"确定直线终点

技巧提示： 使用"对象捕捉追踪"功能必须同时启用"对象捕捉"功能。当知道要追踪的方向（角度）时，使用极轴追踪；如不知道具体追踪方向（角度），但知道与其他对象的某种关系（如等高、相交等），则使用"对象捕捉追踪"功能。

■ 五、对象捕捉

在绘图过程中，经常要指定图形中已存在的特殊点，如直线的中点、圆或圆弧的圆心、交点等。如果用户只凭目测来拾取，无论怎样小心，都不可能精确地找到这些点。因此，中望CAD 2014提供了对象捕捉功能，帮助用户迅速、准确地捕捉到某些特殊点，从而能够精确绘图。

在中望CAD 2014中，用户可以通过"自动对象捕捉"或"临时对象捕捉"功能来捕捉对象的特殊点。

1. 自动对象捕捉

当用户把十字光标移动到某一对象附近时，系统自动捕捉到该对象上符合条件的特征点，并显示出相应标记。如果将光标放在捕捉点稍作停留，系统将显示该捕捉点的名称提示。

对象捕捉功能可以随时打开或关闭，常用方法如下：

（1）状态栏：单击状态栏上"对象捕捉"按钮■。

（2）功能键：F3 键。

（3）对话框：在图 1-31 所示的"对象捕捉"选项卡中，勾选"启用对象捕捉"复选框。

进行对象捕捉前要设置对象捕捉方式（即设置系统可以捕捉哪些点），常用方法如下：

（1）命令行：在命令行输入"OSNAP"命令。

（2）状态栏：右击状态栏中的"对象捕捉"按钮▣，在弹出快捷菜单中选择"设置"选项。

使用上述两种方法，均可打开图1-31所示的"草图设置"对话框的"对象捕捉"选项卡，勾选"启用对象捕捉"复选框，并勾选相应对象捕捉模式。

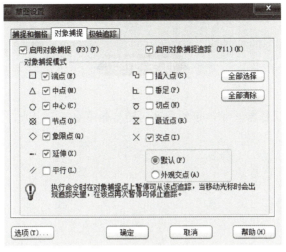

图1-31 "对象捕捉"选项卡

技巧提示：自动捕捉对象模式不宜选择太多，以避免互相干扰，一般只选中端点、中点、中心、象限点、交点几个常用的捕捉方式。

2.临时对象捕捉

一些不常用的对象捕捉方式可以使用"临时对象捕捉"功能进行指定，常用方法如下：

（1）单击图1-32所示"对象捕捉"工具栏中相应按钮。

（2）在命令要求输入点时，按组合键Shift+右键或Ctrl+右键，弹出图1-33所示的"对象捕捉"快捷菜单，选择相应命令。

图1-32 "对象捕捉"工具栏　　　　　图1-33 "对象捕捉"快捷菜单

技巧提示： 自动捕捉对象一旦设置后长期有效，直到用户重新设置对象捕捉方式；临时对象捕捉只对当前点有效，但具有优先权。

利用"对象捕捉"工具栏或"对象捕捉"快捷菜单中的"临时追踪点"和"捕捉自"命令，可以进行参考点捕捉追踪，即根据已知点，捕捉到一个（或一个以上）参考点，再追踪到所需要的点。

任务实施

一、资讯

（1）有时明明打开了栅格显示，但绘图区的栅格却没有显示出来，原因是什么？该如何解决这一问题？

（2）栅格、捕捉、正交、极轴、对象捕捉、对象捕捉追踪的功能键分别是什么？

二、计划与决策

组员共同识读利用栅格捕捉及采用参考点捕捉追踪绘图例题，讨论并制订快速精确绘图的工作计划，填在表1-10中。

表1-10　工作计划

序号	内容	绘图准备工作	完成时间
1			
2			
3			
4			
5			

三、实施

按决策的内容实施绘图工作，运用中望CAD 2014中的辅助绘图工具，绘制如图1-34、图1-35所示几何图形。

（1）利用栅格显示和捕捉模式绘制如图1-34所示图形中$A \sim G$点部分的图形。

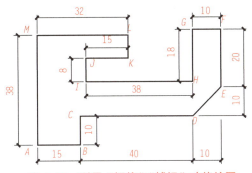

图1-34 利用"栅格""捕捉"功能绘图

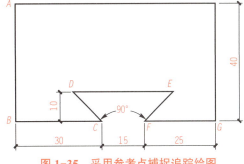

图1-35 采用参考点捕捉追踪绘图

具体步骤如下：

1）打开栅格显示和捕捉模式，将栅格间距和捕捉间距均设定为"5"。

2）利用"直线"命令，确定A点。

3）利用"直线"命令，结合"捕捉""栅格"功能，绘制线段AB、BC、CD、DE、EF、FG，如图1-36所示。

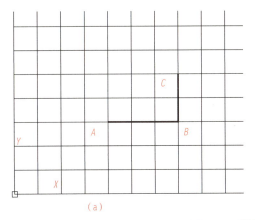

（a）

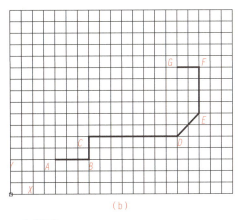

（b）

图1-36 绘制$A \sim G$点图形

（a）绘线段AB、BC；（b）各线段绘制完成后

（2）扫描二维码观看利用栅格捕捉绘图图形的视频。

栅格捕捉

（3）采用极轴追踪、对象捕捉追踪和参考点捕捉追踪绘制图1-35所示的图形。

1）设置对象捕捉模式为"端点""交点"，并设置极轴增量角为45°。启用"极轴追踪""对象捕捉"和"对象追踪"功能。

2）利用"直线"命令，确定A点，利用极轴追踪，向下移动光标，显示270°追踪轴线，输入40，按Enter键，确定B点，采用同样的方法，确定C点。

3）在绘图区按组合键Shift+右键，在弹出的快捷菜单中单击"临时追踪点"按钮，向上移动光标，显示垂直追踪辅助线及相应提示，如图1-37（a）所示，输入"10"，按Enter键，确定临时追踪点（"+"标记处即为临时追踪点），向左移动光标，显示水平追踪辅助线和135°追踪辅助线及相应提示时，如图1-37（b）所示，单击左键，确定点D。

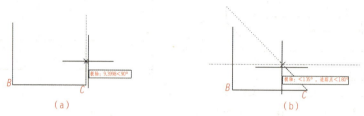

（a）　　　　　　　　　　　　　（b）

图1-37　利用"临时追踪点"功能定点

（a）确定点D的临时追踪点；（b）确定点D

4）在绘图区按组合键Shift+右键，在弹出的快捷菜单中单击"自"按钮，移动光标至点C附近，出现端点标记，向右移动光标，显示水平追踪辅助线及相应提示，如图1-38（a）所示，输入"15"，按Enter键，确定临时参考点，向右上方移动光标，显示水平追踪辅助线和45°追踪辅助线及相应提示时，如图1-38（b）所示，单击左键，确定点E。

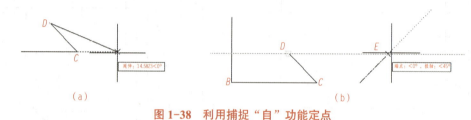

（a）　　　　　　　　　　　　　（b）

图1-38　利用捕捉"自"功能定点

（a）确定点E的临时追踪点；（b）确定点E

5）移动光标至点C附近，出现端点标记，向右移动光标，显示水平追踪辅助线和225°追踪辅助线及相应提示时，如图1-39所示，单击左键，确定点F。

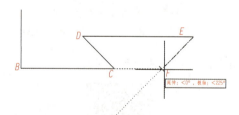

图1-39　利用"对象捕捉追踪"功能定点

6）采用极轴追踪功能，确定点G、H，最后捕捉端点A，按Enter键，完成绘制。

（4）扫描二维码观看利用极轴追踪等绘制图形的视频。

极轴追踪、参考点追踪等

四、评价与总结

任务完成后进行自我评价和小组评价并认真书写任务总结，最后交由教师评价（表1-11）。

表1-11 评分标准

评价指标	评价内容	分值	自评	组评	师评
线上自学 （20分）	能够自学线上资源	5			
	完成课前自测	5			
	完成课前讨论	5			
	完成课后自测	5			
知识目标 能力目标 完成情况 （60分）	利用栅格显示和捕捉模式绘图	10			
	对象捕捉模式等的设置	10			
	利用极轴追踪绘图	15			
	利用对象捕捉追踪绘图	15			
	利用参考点追踪绘图	10			
素质目标 达成情况 （20分）	制图标准习惯养成	5			
	小组协作、交流表达能力	5			
	自主学习解决问题的能力	5			
	大胆尝试、勇于创新的能力	5			
合计					
总结	1. 描述本任务新学习的内容。 2. 总结在任务实施中遇到的困难及解决措施。 3. 总结本任务学习的收获				

📖 课后任务

一、判断题

1. 绘图工作区的栅格会被打印出来。　　　　　　　　　　　　　　　　（　　）

2. 极轴追踪可以追踪30°及其整数倍的角上的点。　　　　　　　　　（　　）

3. 对象捕捉追踪可以从任一点开始追踪。 （　　）

4. "正交工具"可以辅助"直线"命令绘制水平或垂直的直线。 （　　）

5. 对象捕捉中，捕捉哪些点是系统默认的，不能设定。 （　　）

二、单选题

1. 想绘制长为50的竖直直线，为了避免直线倾斜，可以使用（　　）工具。

    A. 正交   B. 对象捕捉

    C. 极轴追踪   D. 栅格

2. 默认的图纸大小是（　　）。

    A. A1   B. A2

    C. A3   D. A4

3. 帮助我们绘制带有角度的直线的辅助绘图工具是（　　）。

    A. 栅格   B. 极轴

    C. 对象追踪   D. 对象捕捉

三、多选题

1. 在AutoCAD中对象捕捉可以捕捉到的点是（　　）。

    A. 端点   B. 切点

    C. 圆心   D. 中点

2. 下面关于栅格的说法，正确的是（　　）。

    A. 打开"栅格"模式，可以直观地显示图形的绘制范围和绘图边界

    B. 当捕捉设定的间距与栅格所设定的间距不同时，捕捉也按栅格进行，也就是说，当两者不匹配时，捕捉点也是栅格点

    C. 当捕捉设置的间距与栅格相同时，就可对屏幕上的栅格点进行捕捉

    D. 当栅格过密时，屏幕上将不会显示出栅格，对图形进行局部放大观察时也看不到栅格

四、绘图题

1. 利用"正交"功能，绘制出图1-40所示的图形。

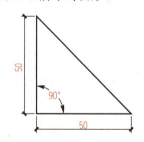

图1-40　利用"正交"功能绘制图形

2. 利用"极轴"功能，绘制出图1-41所示的图形。

图1-41　绘图题2图形

3. 利用"极轴追踪"及"对象捕捉"功能，绘制图1-42所示的图形。

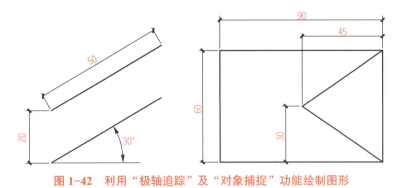

图 1-42　利用"极轴追踪"及"对象捕捉"功能绘制图形

项目二 二维图形的绘制和编辑

项目背景

本项目主要介绍中望CAD 2014软件的绘图命令和编辑命令，其重点在于讲解利用软件中提供的工具高效地组织、绘制图形。利用CAD绘图工具可以创建各类对象，包括简单的线、圆、样条曲线、椭圆等，也可以运用CAD二维图形的编辑方法来修改和编辑图形。

本项目采用任务驱动法，精选了中望CAD 2014典型的应用作为操作实例，通过对操作过程的详细介绍，使读者通过本项目的学习能熟练地掌握绘制和编辑基本图形实体的方法和技巧。

学有所获

1. 知识目标

（1）理解图层、图形界限的概念；

（2）掌握运用直线型、多线型命令绘制几何图形的方法；

（3）掌握运用曲线型命令绘制二维图形的方法；

（4）掌握运用复制类命令绘制图形的方法；

（5）掌握运用编辑类命令绘制图形的方法；

（6）掌握运用修改类命令绘制图形的方法。

2. 能力目标

（1）能根据图纸尺寸定制图形界限，设置绘图环境；

（2）能正确设置和使用对象捕捉、对象追踪、极轴追踪、栅格来绘制图形；

（3）能使用各种绘图和编辑命令绘制较复杂的二维图形；

（4）能根据图形特点灵活应用各种方法，快速高效地绘制图形。

3. 素质目标

（1）培养良好的绘图习惯：规范操作、正确使用绘图命令和技巧；

（2）培养严谨的职业素养：严谨细致、精益求精；

（3）提升自主学习和合作探究的能力。

任务一　运用直线型命令绘制图形

◉ 课前准备

预习本任务内容，回答下列问题。

引导问题1： 如何绘制带角度的直线？

_____

_____

引导问题2： 构造线的命令是什么？如何绘制与原对象平行且指定距离的线？

_____

_____

◉ 知识链接

■ 一、直线（LINE）

直线的绘制方法最简单，也是各种绘图中最常用的二维对象之一。可绘制任何长度的直线，可输入点的 X、Y、Z 坐标，以指定二维或三维坐标的起点与终点。

1. 调用直线的命令

（1）命令行：在命令行输入"LINE（L）"命令。

（2）菜单栏：执行"绘图"→"直线"命令。

（3）工具栏：单击"绘图"工具栏的"直线"按钮 ✎。

2. 绘制直线的方法

执行"L"命令，指定第一个点后，命令行出现以下信息：

> 指定下一点或［角度（A）/长度（L）/放弃（U）］：

以上各选项含义和功能说明如下：

（1）角度（A）：指的是直线段与当前UCS的X轴之间的角度。

（2）长度（L）：指的是两点间直线的距离。

（3）放弃（U）：撤销最近绘制的一条直线段。在命令行中输入U，按Enter键，则重新指定新的终点。

指定两个点后，命令行出现以下信息：

> 指定下一点或［角度（A）/长度（L）/闭合（C）/放弃（U）］：

以上各选项含义和功能说明如下：

（1）闭合（C）：将第一条直线段的起点和最后一条直线段的终点连接起来，形成一个封闭区域。

（2）终点：按Enter键后，命令行默认最后一点为终点，无论该二维线段是否闭合。

可以使用下列3种方法确定第二点坐标值。

（1）输入绝对坐标值，如直角坐标100，100；

（2）输入相对坐标，如直角相对坐标@100，100；相对极坐标@100＜45。

（3）移动鼠标光标指示直线方向，输入直线长度值，如100。

技巧提示：

（1）由直线组成的图形，每条线段都是独立对象，可对每条直线段进行单独编辑。

（2）在结束"LINE"命令后，再次执行"LINE"命令，根据命令行提示，直接按Enter键，则以上次最后绘制的线段或圆弧的终点作为当前线段的起点。

（3）在命令行提示下输入三维点的坐标，则可以绘制三维直线段。

二、构造线（XLINE）

构造线是没有起点和终点的无穷延伸的直线。

1. 调用构造线的命令

（1）命令行：在命令行输入"XLINE（XL）"命令。

（2）菜单栏：执行"绘图"→"构造线"命令。

（3）工具栏：单击"绘图"工具栏的"构造线"按钮。

2. 绘制构造线的方法

通过对象捕捉节点（Node）方式来确定构造线。

执行"XL"命令后，命令行出现以下信息：

> 指定点或［水平（H）/垂直（V）/角度（A）/二等分（B）/偏移（O）］：

以上各选项含义和功能说明如下：

（1）水平（H）：平行于当前UCS的X轴绘制水平构造线。

（2）垂直（V）：平行于当前UCS的Y轴绘制垂直构造线。

（3）角度（A）：指定角度绘制带有角度的构造线。

（4）二等分（B）：垂直于已知对象或平分已知对象绘制等分构造线。

（5）偏移（O）：以指定距离将选取的对象偏移并复制，使对象副本与原对象平行。

技巧提示：构造线作为临时参考线用于辅助绘图，参照完毕，应记住将其删除，以免影响图形的效果。

三、射线（RAY）

射线是从一个指定点开始并且向一个方向无限延伸的直线。

1. 调用射线的命令

（1）命令行：在命令行输入"RAY"命令。

（2）菜单栏：执行"绘图"→"射线"命令。

2. 绘制射线的方法

执行"RAY"命令后，命令行出现以下信息：

> 射线：等分（B）/水平（H）/竖直（V）/角度（A）/偏移（O）/<射线起点>：

以上各选项含义和功能说明如下：

（1）等分（B）：垂直于已知对象或平分已知对象绘制等分射线。

（2）水平（H）：平行于当前UCS的X轴绘制水平射线。

（3）竖直（V）：平行于当前UCS的Y轴绘制垂直射线。

（4）角度（A）：指定角度绘制带有角度的射线。

（5）偏移（O）：以指定距离将选取的对象偏移并复制，使对象副本与原对象平行。

任务实施

一、资讯

（1）如何正确运用"构造线"命令绘制垂直已知对象或平分已知对象的线？

（2）结束"直线"命令后再次执行"直线"命令，起点是哪一点？

二、计划与决策

组员共同阅读知识链接内容，讨论下列任务中例图所用命令并制定绘图工作计划，填在表2-1中。

表2-1　工作计划

序号	内容	绘图准备工作	完成时间
1			
2			
3			
4			

三、实施

【例2-1】建立新图形文件,绘图区域为:300×200;利用"直线"命令绘制图形,如图2-1所示。

(1)新建并保存文件。

1)启动中望CAD 2014软件,打开新图形文件,执行"文件"→"保存"命令,或单击"保存"按钮🖫,在弹出的"图形另存为"对话框中输入"文件名"为"例2-1"。单击"保存"按钮 [保存(S)] 后,图形文件被保存为"例2-1.dwg"文件。

2)执行"格式"→"图形界限"命令,依据提示,设定图形界限的左下角为(0,0),右上角为(300,200),在命令行输入ZOOM(Z)→确认(按Enter键或空格键)→A。

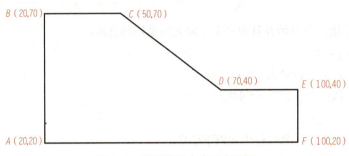

图2-1 利用直线命令绘制图形

(2)绘制图形。

执行"直线(L)"命令,输入A点坐标(20,20),按Enter键,指定下一点B点坐标(20,70),按Enter键,指定下一点C点坐标(50,70),按Enter键,指定下一点D点坐标(70,40),按Enter键,指定下一点E点坐标(100,40),按Enter键,指定下一点F点坐标(100,20),输入"闭合(C)",结束"直线"命令,完成图形绘制。

【例2-2】建立新图形文件,绘图区域为300×200;利用"构造线"命令绘制三角形,如图2-2所示。

(1)新建并保存文件。

1)启动中望CAD 2014软件,打开新图形文件,执行"文件"→"保存"命令,或单击"保存"按钮🖫,在弹出的"图形另存为"对话框中输入"文件名"为"例2-2"。单击"保存"按钮 [保存(S)] 后,图形文件被保存为"例2-2.dwg"文件。

2)执行"格式"→"图形界限"命令,依据提示,设定图形界限的左下角为(0,0),右上角为(300,200),在命令行输入ZOOM(Z)→确认(按Enter键或空格键)→A。

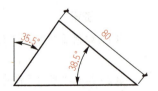

图2-2 构造线绘制图形

(2)绘制图形。

1)执行"构造线(XL)"命令,输入"水平(H)",绘制水平的射线。重复"构造线(XL)"命令,输入"角度(A)",按Enter键,输入角度的数值为141.5,捕捉水平线的任意一点绘制构造线。

2)执行"圆(C)"命令,捕捉两条构造线的交点为圆心,输入半径为80,绘制圆。

3)执行"构造线(XL)"命令,输入"角度(A)",按Enter键,输入角度的数值为54.5,捕捉斜线与圆的交点为通过点,绘制构造线。

4）执行"修剪（TR）"命令，按Enter键两次，修剪不需要的构造线与圆，删除不需要的线，完成图形。

（3）扫描二维码观看操作视频。

运用直线型命令绘制图形（三角形）

四、评价与总结

任务完成后进行自我评价和小组评价并认真书写任务总结，最后交由教师评价（表2-2）。

表2-2 评分标准

评价指标	评价内容	分值	自评	组评	师评
线上自学 （15分）	能够自学线上资源	5			
	完成课前讨论	5			
	完成课后自测	5			
知识技能 达成情况 （70分）	新建并保存文件	5			
	设置绘图区域及单位	5			
	直线的绘制	20			
	构造线的绘制	20			
	射线的绘制	10			
	图形的修剪	10			
能力目标 完成情况 （15分）	小组协作、沟通表达能力	5			
	自主学习解决问题的能力	5			
	大胆创新，尝试运用新方法	5			
	合计				
总结	1．描述本任务新接触的内容。 2．总结在任务实施中遇到的困难及解决措施。 3．总结对本教学任务的建议				

一、单选题

1. 如果从起点为（5，5），要画出与 X 轴正方向呈30°夹角、长度为50的直线段应输入（   ）。

A. 50，30

B. @30，50

C. @50，30

D. 30，50

2. 可以绘制连续的直线段，且每一部分都是单独的线对象的命令是（   ）。

A. POLYLINE

B. LINE

C. RECTANGLE

D. POLYGON

3. 用 LINE 命令画出一个矩形，该矩形中有（   ）图元实体。

A. 1个

B. 4个

C. 不一定

D. 5个

4. 在中望CAD 2014中在使用"LINE"命令绘制封闭图形时，最后一直线可按（   ）键后，再按 Enter 键而自动封闭。

A. C

B. A

C. D

D. O

5. 已知一条倾斜直线，现要绘制一条过直线端点并与该直线呈31°夹角的直线，应采用的方法是（   ）。

A. 使用构造线中的"角度"选项，给定构造线角度为31°

B. 使用极坐标，将极角设为31°

C. 使用构造线中的"角度"选项，选择"参照"选项后给定构造线角度为31°

D. 在"草图设置"的"极轴追踪"选项卡中设置"增量角"为31°

二、绘图题

综合运用直线和射线的绘制方法绘制图2-3所示图形。

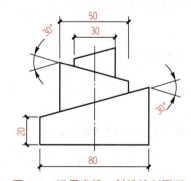

图 2-3　运用直线、射线绘制图形

任务二 运用多段线型命令绘制图形

预习本任务内容，回答下列问题。

引导问题1：正多边形的命令是什么？设定正多边形的内切圆半径或外接圆半径所绘制的正多边形有什么区别？

_____

_____

引导问题2：已知矩形的尺寸如何绘制矩形？

_____

_____

_____

● 知识链接

一、正多边形（POLYGON）

"正多边形"命令可用于绘制 3 ～ 1 024 边的正多边形。

1. 调用"正多边形"的命令

命令启动方法如下：

（1）命令行：选择"在命令行输入""POLYGON（POL）"命令。

（2）菜单栏：执行"绘图"→"正多边形"命令。

（3）工具栏：单击"绘图"工具栏的"多边形"按钮。

2. 绘制多边形的方法

执行"POL"命令后，命令行出现以下信息：

[多个（M）/线宽（W）]或输入边的数目<4>：

以上各选项含义和功能说明如下：

（1）多个（M）：如果需要创建同一样属性的正多边形，在执行"POLYGON"（或"POL"）命令后，输入M，输入完所需参数值后，就可以连续指定位置放置正多边形。

（2）线宽（W）：指正多边形的多段线宽度值。

（3）输入边的数目：可以输入 3 ～ 1 024，以绘制 3 ～ 1 024 边的正多边形。

在输入正多边形边的数目后，命令行出现以下信息：

指定正多边形的中心点或［边（E）］：

输入选项［内接于圆（I）/外切于圆（C）］：

（1）边（E）：通过指定边缘第一端点及第二端点，可确定正多边形的边长和旋转角度。

＜多边形中心＞：指定多边形的中心点。

（2）内接于圆（I）：指定外接圆的半径，正多边形的所有顶点都在此圆周上。

（3）外切于圆（C）：指定从正多边形中心点到各边中心的距离。

设定圆心和外接圆半径（I），如图2-4（a）所示。

设定圆心和内切圆半径（C），如图2-4（b）所示。

设定正多边形的边长（Edge）和一条边的两个端点，如图2-4（c）、（d）所示。

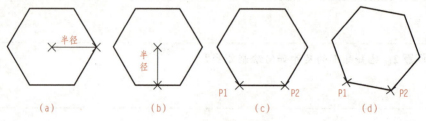

图 2-4　正多边形创建

■ 二、矩形（RECTANGLE）

1. 调用矩形的命令

（1）命令行：在命令行输入"RECTANGLE（REC）"命令。

（2）菜单栏：执行"绘图"→"矩形"命令。

（3）工具栏：单击"绘图"工具栏的"矩形"按钮▭。

2. 绘制矩形的方法

命令行调用绘制矩形工具后出现下列不同选项：

指定第一个角点或［倒角（C）/标高（E）/圆角（F）/厚度（T）/宽度（W）］

（1）指定角点：这是默认绘制矩形的方法，通过指定两个角点来确定矩形的大小和位置。在指定了第一个角点后，除了可以直接指定第二个角点外，还有三个选项可供选择：

1）"面积（A）"选项：给定矩形面积，系统即可根据矩形的长度或宽度计算出另一边的长度，并将其绘制出来。

2）"尺寸（D）"选项：在给定长度和宽度后，可以选择将第一个角点放置在左上角或左下角，从而使矩形处于不同的位置。

3）"旋转（R）"选项：指定了旋转角度后即可按前述方法绘制矩形。

（2）"倒角（C）"和"圆角（F）"选项：可以绘制出带倒角或圆角的矩形。

（3）"标高（E）"选项：可以给定矩形所在的平面高度，一般用于三维制图。

（4）"厚度（T）"选项：可以给定厚度绘制矩形，一般用于三维制图。

（5）"宽度（W）"选项：可以给定宽度绘制矩形。

■ 三、多段线（PLINE）

多段线是CAD中较为重要的一种图形对象，由多个彼此首尾相连的、相同或不同宽度的直线段或圆弧段组成，并作为一个单一的整体对象使用。

1. 调用多段线的命令
（1）命令行：在命令行输入"PLINE（PL）"命令。
（2）菜单栏：执行"绘图"→"多段线"命令。
（3）工具栏：单击"绘图"工具栏的"多线段"按钮 ᵔ 。

2. 绘制多段线的方法
执行"PL"命令后，指定一个起点，命令行出现下列信息：

指定下一个点或 [圆弧（A）/半宽（H）/长度（L）/放弃（U）/宽度（W）]：

（1）圆弧（A）：指定弧的起点和终点绘制圆弧段。

角度（A）：指定圆弧从起点开始所包含的角度。

圆心（CE）：指定圆弧所在圆的圆心。

方向（D）：指定圆弧的起点切向。

半径（R）：指定弧所在圆的半径。

第二个点（S）：指定圆弧上的点和圆弧的终点，以3个点来绘制圆弧。

（2）半宽（H）：指从多段线线段的中心到其一边的宽度。CAD提示输入起点宽度和终点宽度。用户通过在命令行输入相应的数值，即可绘制一条宽度渐变的线段或圆弧。

技巧提示：命令行输入的数值将作为此后绘制图形的默认宽度，直到下一次修改为止。

（3）长度（L）：提示用户给出下一段多段线的长度。软件按照上一段的方向绘制这一段多段线，如果是圆弧则将绘制出与上一段圆弧相切的直线段。

（4）放弃（U）：取消刚绘制的一段多段线。

（5）宽度（W）：与半宽的操作相同，只是输入的数值就是实际线段的宽度。

◤任务实施◢

一、资讯
（1）建筑图样中常见的矩形有哪些样式？

（2）如何控制正多边形的转向？

（3）图层线型的线宽和多段线的线宽的应用有什么不一样？

二、计划与决策

组员共同阅读知识链接内容，讨论下列任务中例图所用命令并制订绘图工作计划，填在表2-3中。

表2-3　工作计划

序号	内容	绘图准备工作	完成时间
1			
2			
3			
4			

三、实施

【例2-3】建立新图形文件，绘图区域为：200×200，绘制一个边长为20、AB边与水平线夹角为30度的正七边形；绘制一个半径为10的圆，且圆心与正七边形同心；再绘制正十边形的外接圆。绘制一个与正七边形相距10的外正七边形，如图2-5所示。

图2-5　正七边形

（1）新建并保存文件。

1）启动中望CAD 2014软件，打开新图形文件，执行"文件"→"保存"命令，或单击"保存"按钮 🖫 ，在弹出的"图形另存为"对话框中输入"文件名"为"例2-3"。单击"保存"按钮 保存(S) 后，图形文件被保存为"例2-3.dwg"文件。

2）执行"格式"→"图形界限"命令，依据提示，设定图形界限的左下角为（0，0），右上角为（200，200），在命令行输入ZOOM（Z）→确认（按Enter键或者空格键）→A。

（2）绘制图形。

1）执行"正多边形（POL）"命令，用指定正多边形边的方式，输入@20<30，绘制边长为20、边与水平线夹角为30°的正七边形。

2）执行"圆（C）"命令，捕捉七边形中心点为圆心，绘制半径为10的圆。执行"圆（C）"命令，捕捉圆心及正七边形角点绘制圆。

3）执行"偏移（O）"命令，指定偏移距离为10，选择正七边形，在其外侧单击，绘制外围正七边形。

（3）扫描二维码观看图形绘制的视频。

运用多段线型命令绘制图形（正七边形）

【例2-4】建立新图形文件，绘图区域为：240×200，绘制两条长度为80的垂直平分线。绘制图2-6所示的多段线，其中弧的半径为25。

（1）新建并保存文件。

1）启动中望CAD 2014软件，打开新图形文件，执行"文件"→"保存"命令，或单击"保存"按钮 ，在弹出的"图形另存为"对话框中输入"文件名"为"例2-4"。单击"保存"按钮 保存(S) 后，图形文件被保存为"例2-4.dwg"文件。

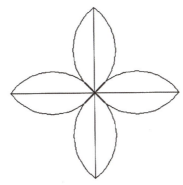

图2-6 多段线绘制图形

2）执行"格式"→"图形界限"命令，依据提示，设定图形界限的左下角为（0，0），右上角为（240，200），在命令行输入ZOOM（Z）→确认（按Enter键或空格键）→A。

（2）绘制图形。

1）执行"直线（L）"命令，打开正交模式，绘制一条长80的横线。重复"直线（L）"命令，绘制一条长80的竖线。选择竖线，执行"移动（M）"命令，捕捉中点至横线中点。

2）执行"多段线（PL）"命令，指定竖线端点为起点，在命令行输入"圆弧（A）"→"半径（R）"→25，捕捉竖线中点为端点绘制多段线，再次捕捉竖线端点绘制多段线。

3）选择绘制完成的多段线，执行"镜像（MI）"命令，捕捉竖线的两个端点作为镜像线，完成镜像。

4）对横线重复以上两步，完成图形。

（3）扫描二维码观看图形绘制的视频。

运用多段线型命令绘制图形

四、评价与总结

任务完成后进行自我评价和小组评价并认真书写任务总结，最后交由教师评价（表2-4）。

表2-4　评分标准

评价指标	评价内容	分值	自评	组评	师评
线上自学 （15分）	能够自学线上资源	5			
	完成课前讨论	5			
	完成课后自测	5			
知识技能 达成情况 （70分）	新建并保存文件	5			
	设置绘图区域及单位	5			
	正七边形的绘制	20			
	外接圆的绘制	10			
	垂直平分线的绘制	10			
	绘制弧形多段线	20			
能力目标 完成情况 （15分）	小组协作、沟通表达能力	5			
	自主学习解决问题的能力	5			
	大胆创新，尝试运用新方法	5			
	合计				
总结	1. 描述本任务新接触的内容。 2. 总结在任务实施中遇到的困难及解决措施。 3. 总结对本教学任务的建议				

📖 **课后任务**

一、单选题

1. 绘制矩形时，需要（　　）信息。

A. 起始角、宽度和高度　　　　　B. 矩形四个角的坐标

C. 矩形对角线的对角坐标　　　　D. 矩形的三个相邻角坐标

2. 所谓内接多边形是（　　）。

　　A. 多边形在圆内，多边形每边的中点在圆上

　　B. 多边形在圆外，多边形的顶点在圆上

　　C. 多边形在圆内，多边形的顶点在圆上

　　D. 多边形在圆外，多边形每边的中点在圆上

3. 在中望CAD 2014中，下列有关多边形的说法错误的是（　　）。

　　A. 多边形是由3～1 024条长度相等的边组成的封闭多段线

　　B. 绘制多边形的默认方式是外切多边形

　　C. 内接多边形绘制是指定多边形的中心以及从中心点到每个顶角点的距离，整个多边形位于一个虚构的圆中

　　D. 外切多边形绘制是指定多边形一条边的起点和端点，其边的中点在一个虚构的圆中

二、判断题

1. 使用"RECTANGLE"命令创建的矩形，其边总是水平或竖直的。　　　　　　　（　　）

2. 在中望CAD 2014中用"RECTANGLE"命令画出一个矩形，该矩形中有4个图元实体。　　　　　　　　　　　　　　　　　　　　　　　　　　　　　　　　　　　（　　）

三、绘图题

1. 运用"多段线"命令绘制图2-7所示的图形。

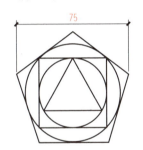

图 2-7　多段线命令绘制图形

2. 绘制图2-8所示的标题栏。

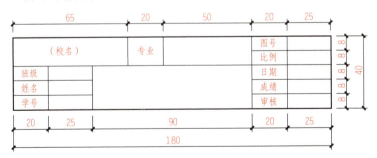

图 2-8　标题栏绘制

任务三　运用曲线型命令绘制图形

◎ **课前准备**

预习本任务内容，回答下列问题。

引导问题1：圆的常用画法有哪几种？

_____

_____

引导问题2：圆环的命令是什么？内径和外径有什么区别？

_____

_____

_____

◎ **知识链接**

■ 一、圆（CIRCLE）

圆是装饰绘图中常见的基本实体之一，中望CAD 2014提供了多种画圆的方式。

1. 调用圆的命令

（1）命令行：在命令行输入"C"命令。

（2）菜单栏：执行"绘图"→"圆"命令。

（3）工具栏：单击"绘图"工具栏的"圆"按钮 ⊙。

2. 绘制圆的方法

执行"C"命令后，命令行出现以下信息：

> circle指定圆的圆心或［三点（3P）／两点（2P）／相切、相切、半径（T）］：

以上各选项含义和功能说明如下：

三点：利用三点确定圆；

两点：以两点为直径端点确定圆；

相切、相切、半径（T）：通过两个切点和指定半径绘制圆。

（1）圆心、半径（图2-9）。命令：

> circle指定圆的圆心或［三点（3P）／两点（2P）／相切、相切、半径（T）］：80，100
>
> 指定圆的半径或［直径（D）］：40

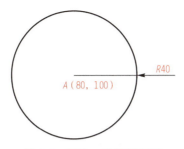

图 2-9　圆心、半径绘制圆

（2）圆心、直径。方法同上，在系统提示输入半径时，输入"D"即可代表直径。

（3）两点。在系统提示各项画圆命令时，输入2P，此时输入的两点为圆的两端点。

（4）相切、相切、半径。画一个圆与已知两个圆相切（图2-10）。命令行显示如下：

circle指定圆的圆心或［三点（3P）/两点（2P）/相切、相切、半径（T）］：t

指定对象与圆的第一个切点：//拾取第1点

指定对象与圆的第二个切点：//拾取第2点

指定圆的半径<25.8342>：100

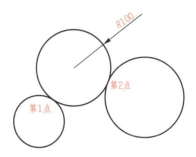

图 2-10　相切、相切、半径画圆

（5）三点。画一个圆与已知三个圆相切（图2-11）。命令行显示如下：

circle指定圆的圆心或［三点（3P）/两点（2P）/相切、相切、半径（T）］：3P

指定圆上的第一个点：//拾取第1点切点

指定圆上的第二个点：//拾取第2点切点

指定圆上的第三个点：//拾取第3点切点

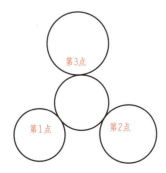

图 2-11　相切、相切、相切画圆

■ 二、圆弧（ARC）

1. 调用圆弧的命令

（1）命令行：在命令行输入"ARC"命令。

（2）菜单栏：执行"绘图"→"圆弧"命令。

（3）工具栏：单击"绘图"工具栏的"圆弧"按钮 。

2. 绘制圆弧的方法

中望CAD 2014提供了多种绘制圆弧的方法，"圆弧"命令下的子菜单如图2-12所示，其中各选项含义和功能说明如下。

（1）三点：三点确定圆弧。

（2）圆心（C）：指定圆弧的圆心。

（3）角度（A）：指定圆弧的圆心角。

（4）长度（L）：用于给定圆弧的弦长。

（5）方向（D）：用于指定弧的相切方向。

（6）半径（R）：用于给定半径值条件。

图2-12 "圆弧"命令下的子菜单

技巧提示：

在绘制图形之前，需要设置好"对象捕捉"功能，可以全部选择捕捉的点，如果刚开始学习也可以有选择地选择一些经常使用的捕捉点，如端点、中点、圆心等。"对象捕捉"功能是在绘图中经常使用的功能。它可以准确捕捉到各点，使绘图更加准确、快速。

■ 三、圆环（DONUT）

1. 调用圆环的命令

（1）命令行：在命令行输入"DO"命令。

（2）菜单栏：执行"绘图"→"圆环"命令。

2. 绘制圆环的方法

执行"DO"命令后，命令行出现信息：

指定圆环的内径<0.5000>40 //输入内径值

指定圆环的外径<0.5000>50 //输入外径值

指定圆环的中心点或<退出> //指定中心点的位置

技巧提示：圆环由两个同心圆组成。圆环分为填充圆环和不填充圆环。

使用"FILL"命令可控制圆环的填充状态。执行"FILL"命令后，当在命令行中选择"开（ON）"选项时，圆环以实体填充，当选择"关（OFF）"选项时，圆环以线性填充，如图2-13所示。

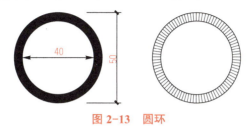

图2-13 圆环

四、椭圆（ELLIPSE）

椭圆命令用于绘制椭圆和椭圆弧，椭圆弧是椭圆的一部分。通常通过定义长轴和短轴确定椭圆的形状，长轴确定椭圆的长度，短轴确定椭圆的宽度，如图2-14所示。

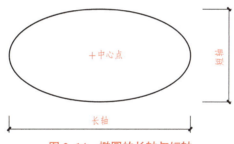

图2-14 椭圆的长轴与短轴

1. 调用椭圆的命令

（1）命令行：在命令行输入"EL"命令。

（2）菜单栏：执行"绘图"→"椭圆"命令。

（3）工具栏：单击"绘图"工具栏的"椭圆"按钮 。

2. 绘制椭圆的方法

执行"EL"命令后，命令行出现以下信息：

指定椭圆的轴端点或［圆弧（A）/中心点（ C）］：//指定一条轴的一个端点

指定轴的另一个端点：//指定一条轴的另一个端点

指定另一条半轴长度或［旋转（R）］：

以上各选项含义和功能说明如下：

（1）中心点（C）：用于指定椭圆弧的中心。

（2）圆弧（A）：进入绘制椭圆弧的选项。

（3）旋转（R）：通过绕第一条轴旋转圆的方式来创建椭圆，输入值越大，椭圆离心率越大，输入0，则定义一个圆。

任务实施

一、资讯

（1）如何正确运用画圆选项和对象捕捉快速画圆？

（2）画的圆弧总是与题目中的圆弧反向是为什么？

二、计划与决策

组员共同阅读知识链接内容，讨论下列任务中例图所用命令并制定绘图工作计划，填在表2-5中。

表2-5　工作计划

序号	内容	绘图准备工作	完成时间
1			
2			
3			
4			

三、实施

【例2-5】 建立新图形文件，绘图区域为：560×400；绘制两个圆，半径分别为50、100，两圆心相距300，绘制一条相切两圆的圆弧，圆弧半径为200，绘制两圆的外公切线，以两圆圆心连线的中点为圆心绘制一个与圆弧相切的圆，如图2-15所示。

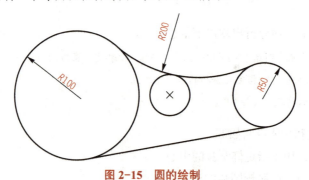

图2-15　圆的绘制

（1）新建并保存文件。

1）启动中望CAD 2014软件，打开新图形文件，执行"文件"→"保存"命令，或单击"保存"按钮 🖫，在弹出的"图形另存为"对话框中输入"文件名"为"例2-5"。单击"保存"按钮 保存(S) 后，图形文件被保存为"例2-5.dwg"文件。

2）执行"格式"→"图形界限"命令，依据提示，设定图形界限的左下角为（0，0），右上角为（560，400），在命令行输入ZOOM（z）→确认（按Enter键或空格键）→A。

（2）绘制图形。

1）执行"直线（L）"命令绘制一根长300的横线；执行"圆（C）"命令，以直线两端点为圆心，分别绘制半径为50、100的两个圆。

2）执行"圆（C）"命令，输入T，捕捉两圆上的切点，输入半径200，执行"修剪（TR）"命令，剪掉上半圆弧。

3）执行"直线（L）"命令，利用切点捕捉绘制公切线。执行"圆（C）"命令，以两圆圆心重点为圆心，辅以切点捕捉，绘制小圆。

（3）扫描二维码观看操作视频。

圆

【例2-6】建立新图形文件，绘图区域为：420×297；绘制一个宽度为10、外圆直径为100的圆环。在圆环中绘制箭头，箭头尾部宽度为10，箭头起始宽度（圆环中心处）为20，箭头的头尾与圆环的水平四分点重合。绘制一个直径为50的同心圆，如图2-16所示。

图2-16　圆环箭头

（1）新建并保存文件：操作方法同例2-5，此处不再赘述。

（2）绘制图形。

1）执行"圆环（DO）"命令，分别设置内径为80，外径为100。

2）执行"多段线（PL）"命令，选择水平四分点A为起点，然后输入宽度（W）后，按Enter键设置起点和终点宽度均为10，对象捕捉将"圆心"打开，拾取"圆心"B，画出箭头尾部的一段直线。

3）继续输入宽度（W），按Enter键，设置箭头起点宽度为20，终点宽度为0，拾取圆环的水平四分点C为箭头终点。

4）执行"圆（C）"命令，拾取圆环的圆心，输入半径为25，绘制同心圆。

（3）扫描二维码观看操作视频。

圆环 箭头

四、评价与总结

任务完成后进行自我评价和小组评价并认真书写任务总结，最后交由教师评价（表2-6）。

表2-6 评分标准

评价指标	评价内容	分值	自评	组评	师评
线上自学 （15分）	能够自学线上资源	5			
	完成课前讨论	5			
	完成课后自测	5			
知识技能 达成情况 （70分）	新建并保存文件	5			
	设置绘图区域及单位	5			
	圆的绘制	20			
	绘制圆环箭头	20			
	圆与三角	10			
	绘制坐便器	10			
能力目标 完成情况 （15分）	小组协作、沟通表达能力	5			
	自主学习解决问题的能力	5			
	大胆创新，尝试运用新方法	5			
	合计				
总结	1. 描述本任务新接触的内容。 2. 总结在任务实施中遇到的困难及解决措施。 3. 总结对本教学任务的建议				

📖 课后任务

一、单选题

1. 画一个圆与三个对象相切，应使用CIRCLE中的（　　）选项。

　　A. 相切、相切、半径正多边形　　　　　　B. 相切、相切、相切圆

　　C. 3点　　　　　　　　　　　　　　　　　D. 圆心、直径

2. 用三点方式绘制圆后，若要精确地在圆心处开始绘制直线，应使用AutoCAD的（　　）工具。

　　A. 捕捉　　　　　　B. 对象捕捉　　　　　C. 实体捕捉　　　　D. 几何计算

3. 用"两点"选项绘制圆时，两点之间的距离等于（　　）。

　　A. 圆周　　　　　　B. 周长　　　　　　C. 最短弦　　　　　D. 半径

　　E. 直径

4. 下列为"圆弧"命令快捷键的是（　　）。

　　A. C　　　　　　　B. A　　　　　　　C. P　　　　　　　D. REC

5. 下面画圆弧的方式中无效的是（　　）。

　　A. 起点、圆心、端点　　　　　　　　　　B. 圆心、起点、方向

　　C. 圆心、起点、角度　　　　　　　　　　D. 起点、端点、半径

二、绘图题

1. 综合运用圆的绘制方法绘制图2-17所示图形。

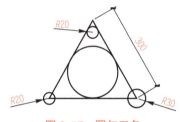

图2-17　圆与三角

2. 利用"椭圆"和"矩形"命令绘制如图2-18所示的坐便器。

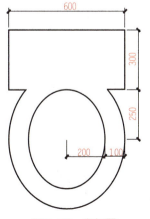

图2-18　坐便器

任务四　运用点、样条曲线命令绘制图形

知识链接

一、点样式

在系统中可创建单独的点对象，点的外观由点样式控制。一般在创建点之前要先设置点的样式，也可先绘制点，再设置点样式。

1. 设置点样式

菜单栏：执行"格式"→"点样式"命令。

中望CAD 2014提供了20种类型的点样式，如图2-19所示。

设置点样式的选项介绍如下。

相对于屏幕设置大小：以屏幕尺寸的百分比设置点的显示大小。在进行缩放时，点的显示大小不随其他对象的变化而改变。

按绝对单位设置大小：以指定的实际单位值来显示点。在进行缩放时，点的大小也将随其他对象的变化而变化。

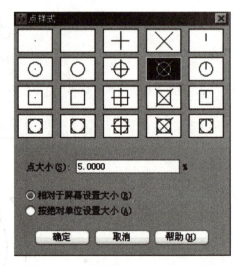

图2-19　点样式

二、点（POINT）

1. 调用点的命令

（1）命令行：在命令行输入"POINT（PO）"命令。

（2）菜单栏：执行"绘图"→"点"命令。

（3）工具栏：单击"绘图"工具栏中的"点"按钮∴。

2. 绘制点的方法

执行"PO"命令后，命令行出现信息：

> 指定一点或［设置（S）/多次（M）］：

以上各选项含义和功能说明如下：

（1）设置：设置点样式。

（2）多次：绘制多点。

技巧提示：

（1）可通过在屏幕上拾取点或者输入坐标值来指定所需的点。

（2）创建好的参考点对象，可以使用节点（Node）对象捕捉来捕捉该点。

3. 定数等分

利用"定数等分"命令可以根据等分数目在图形对象上放置等分点，这些点并不分割对象，只是标明等分的位置。可等分的图形元素包括线段、圆、圆弧、样条线及多段线等。对于圆，等分的起始点位于捕捉角度的方向线与圆的交点处。

（1）命令行：在命令行输入"DIVIDE（DIV）"命令。

（2）菜单栏：执行"绘图"→"点"→"定数等分"命令。

4. 定距等分

利用"定距等分"命令可以在图形对象上按指定的距离放置点或对象。对于不同类型的图形元素来说，测量距离的起始点是不同的。若是线段或非闭合的多段线，则起点是离选择点最近的端点；若是闭合多段线，则起点是多段线的起点；如果是圆，则以捕捉角度的方向线与圆的交点为起点开始测量。

（1）命令行：在命令行输入"MEASURE（ME）"命令。

（2）菜单栏：执行"绘图"→"点"→"定距等分"命令。

技巧提示： 用"Divide"或"Measure"命令插入图块时，先定义图块。

三、样条曲线（SPLINE）

样条曲线是由一组点定义的一条光滑曲线。可以用样条曲线生成一些地形图中的地形线、绘制盘形凸轮轮廓曲线、作为局部剖面的分界线等。

1. 调用样条曲线的命令

（1）命令行：在命令行输入"SPLINE（SPL）"命令。

（2）菜单栏：执行"绘图"→"样条曲线"命令。

（3）工具栏：单击"绘图"工具栏中的"样条曲线"按钮 $\curvearrowright$ 。

2. 绘制样条曲线的方法

执行"SPL"命令后，指定2个点后命令行出现以下信息：

> 指定下一点或［闭合（C）/拟合公差（F）］<起点切向>：

样条曲线命令的选项介绍如下：

（1）闭合（C）：生成一条闭合的样条曲线。

（2）拟合公差（F）：键入曲线的偏差值。值越大，曲线就相对越平滑。

（3）起点切向：指定起始点切线。

（4）端点切向：指定终点切线（该选项在指定"起点切向"后出现）。

▶ 任务实施 ◀

一、资讯

（1）如何正确运用定数等分和对象捕捉快速画图？

（2）创建好的参考点对象，应该怎么设置才能捕捉到？

二、计划与决策

组员共同阅读知识链接内容，讨论下列任务中例图所用命令并制定绘图工作计划，填在表2-7中。

表2-7　工作计划

序号	内容	绘图准备工作	完成时间
1			
2			
3			
4			

三、实施

【例2-7】建立新图形文件，绘图区域为：240×200；绘制一个两轴长分别为100及60的椭圆。在椭圆中绘制一个三角形，三角形三个顶点分别为椭圆上四分点、椭圆左下1/4椭圆弧的中点以及椭圆右下1/4椭圆弧的中点。绘制三角形的内切圆，如图2-20所示。

（1）新建并保存文件。

1）启动中望CAD 2014软件，打开新图形文件，执行"文件"→"保存"命令，或单击"保存"按

钮 ![保存图标]，在弹出的"图形另存为"对话框中输入"文件名"为"例2-7"。单击"保存"按钮 [保存(S)] 后，图形文件被保存为"例2-7.dwg"文件。

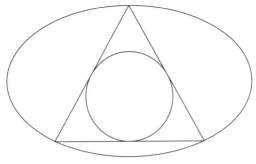

图 2-20　椭圆的绘制

2）执行"格式"→"图形界限"命令，依据提示，设定图形界限的左下角为（0，0），右上角为（240，200），在命令行输入ZOOM（Z）→确认（按Enter键或空格键）→A。

（2）绘制图形。

1）执行"椭圆（EL）"命令，在正交模式下绘制一个长轴为100，另一条半轴长度为30的椭圆。

2）执行"格式"→"点样式"命令，选择合适的点样式和大小。执行"定数等分（DIV）"命令，选择椭圆为要等分的对象，将其分成8份。

3）执行"多段线（PL）"命令，利用节点捕捉三角形。执行"圆（C）"命令，用相切、相切、相切的模式，配合切点捕捉，绘制三角形的内切圆。

4）删除图形上的等分点。

（3）扫描二维码观看操作视频。

椭圆

【例2-8】建立新图形文件，绘图区域为：240×200；绘制一个100×25的矩形。在矩形中绘制一个样条曲线，样条曲线顶点间距相等，左端点切线与垂直方向的夹角为45°，右端点切线与垂直方向的夹角为135°，完成后的图形如图2-21所示。

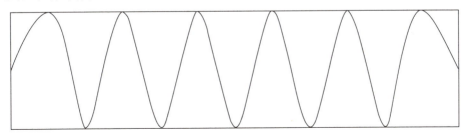

图 2-21　样条曲线绘制图形

（1）新建并保存文件。

1）启动中望CAD 2014软件，打开新图形文件，执行"文件"→"保存"命令，或单击"保存"按钮，在弹出的"图形另存为"对话框中输入"文件名"为"例2-8"。单击"保存"按钮后，图形文件被保存为"例2-8.dwg"文件。

2）执行"格式"→"图形界限"命令，依据提示，设定图形界限的左下角为（0，0），右上角为（240，200），在命令行输入ZOOM（Z）→确认（按Enter键或空格键）→A。

（2）绘制图形。

1）执行"矩形（REC）"命令，输入第一个角点后，用尺寸（D）绘制一个长100，宽25的矩形。

2）执行"格式"→"点样式"命令，选择合适的点样式和大小。执行"分解（X）"命令，分解矩形。执行"定数等分（DIV）"命令，选择矩形的两段长为要等分的对象，将其分成12份。

3）执行"工具"→"草图设置"命令，设置对象捕捉"中点"和"节点"，打开对象捕捉。启用极轴追踪，极轴角增量角度设为45°。执行"样条曲线（SPL）"命令，利用节点捕捉矩形左边线中点，捕捉矩形上下等分点，捕捉矩形右边线中点。按Enter键后光标指定起点切向时，光标移动到左斜向下45°，指定端点切向时，光标移动到右斜向下45°。

4）删除上下边的等分点。

（3）扫描二维码观看操作视频。

矩形

四、评价与总结

任务完成后进行自我评价和小组评价并认真书写任务总结，最后交由教师评价（表2-8）。

表2-8 评分标准

评价指标	评价内容	分值	自评	组评	师评
线上自学 （15分）	能够自学线上资源	5			
	完成课前讨论	5			
	完成课后自测	5			
知识技能 达成情况 （70分）	新建并保存文件	5			
	设置绘图区域及单位	5			
	定数等分	20			
	绘制椭圆三角内切圆	20			
	绘制样条曲线	20			
能力目标 完成情况 （15分）	小组协作、沟通表达能力	5			
	自主学习解决问题的能力	5			
	大胆创新，尝试运用新方法	5			
合计					

评价指标	评价内容	分值	自评	组评	师评
总结	1. 描述本任务新接触的内容。 2. 总结在任务实施中遇到的困难及解决措施。 3. 总结对本教学任务的建议				

课后任务

一、单选题

1. 执行"样条曲线"命令后，（　　）选项用来输入曲线的偏差值。值越大，曲线越远离指定的点；值越小，曲线离指定的点越近。

    A. 闭合   B. 端点切向

    C. 拟合公差   D. 起点切向

2. 在CAD中下列关于定数等分正确的是（　　）。

    A. 定数等分可以设置无数个段   B. 定数等分只可以有10个以上个段

    C. 定数等分只可以有10个以下个段   D. 以上全正确

3. 在CAD中对点样式说法，下列正确的是（　　）。

    A. 点样式可以设置点的大小   B. 点样式不可以设置点的大小

    C. 点样式可以设置点的方向   D. 点样式不可以设置点的样式

二、绘图题

1. 建立新图形文件，设置绘图区域为：100×100。绘制一个长为60、宽为30的矩形；在矩形对角线交点处绘制一个半径为10的圆。在矩形下边线左右各1/8处绘制圆的切线；再绘制一个圆的同心圆，半径为5，完成后的图形如图2-22所示。

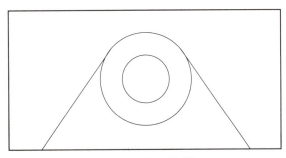

图 2-22　矩形与圆

2. 绘制图2-23所示的图形。

图 2-23　定数等分与圆

任务五　运用复制类命令绘制图形

课前准备

预习本任务内容，回答下列问题。

引导问题1：绘制等距离的平行线有哪些方法？

_____

_____

引导问题2：一个图形如果想要在不同图样之间进行复制、粘贴，应运用什么快捷键？

_____

_____

_____

知识链接

一、复制（COPY）

"复制"命令可以在二维或三维空间中使用。执行"复制"命令后，选择要复制的图形元素，然后通过两点或直接输入位移值来指定复制的距离和方向。

1. 调用复制命令

（1）命令行：在命令行输入"COPY（CO/ CP）"命令。

（2）菜单栏：执行"修改"→"复制"命令。

（3）工具栏：单击"修改"工具栏的"复制"按钮🐾。

2. 执行复制命令的方法

选择要复制的对象后，执行"CO"命令后，命令行出现以下信息：

指定基点或［位移（D）/模式（O）］<位移>：

以上各项提示的含义和功能说明如下：

（1）基点：通过基点和放置点来定义一个矢量，指示复制的对象移动的距离和方向。

（2）位移（D）：通过输入一个三维数值或指定一个点来指定对象副本在当前X、Y、Z轴的方向和位置。

（3）模式（O）：控制复制的模式为单个或多个，确定是否自动重复该命令。

二、偏移（OFFSET）

使用"偏移"命令可将对象偏移指定的距离，创建一个与原对象类似的新对象，其操作对象包括线段、圆、圆弧、多段线、椭圆、构造线和样条曲线等。当偏移一个圆时，可创建同心圆，当偏移一条闭合的多段线时，也可建立一个与原对象形状相同的闭合图形。

1. 调用偏移命令

（1）命令行：在命令行输入"OFFSET（O）"命令。

（2）菜单栏：执行"修改"→"偏移"命令。

（3）工具栏：单击"修改"工具栏中的"偏移"按钮🔳。

2. 执行偏移命令的方法

选择要偏移的对象后，执行"O"命令后，命令行出现以下信息：

指定偏移距离或［通过（T）］<通过>：

以上各项提示的含义和功能说明如下：

（1）偏移距离：在距离选取对象的指定距离处创建选取对象的副本。

（2）通过（T）：以指定点创建通过该点的偏移副本。

三、镜像（MIRROR）

使用"镜像"命令可以生成与所选对象对称的图形，对绘制对称图形具有很大帮助。在绘制对称图形时，可以先绘制半个图形，然后使用"镜像"命令进行操作，以节省绘图时间，提高绘图的效率。

1. 调用镜像命令

（1）命令行：在命令行输入"MIRROR（MI）"命令。

（2）菜单栏：执行"修改"→"镜像"命令。

（3）工具栏：单击"修改"工具栏的"镜像"按钮🔳。

2. 执行镜像命令的方法

选择要镜像的对象后，执行"MI"命令后，命令行出现信息：

■ 四、阵列（ARRAY）

几何元素的均布是作图中经常遇到的问题。在绘制均布对象时，使用"阵列"命令可指定矩形阵列或环形阵列。

1. 调用阵列命令

（1）命令行：在命令行输入"ARRAY（AR）"命令。

（2）菜单栏：执行"修改"→"阵列"命令。

（3）工具栏：单击"修改"工具栏的"阵列"按钮▦。

2. 执行阵列命令的方法

选择要阵列的对象后，执行"AR"命令后，出现"阵列"对话框。

（1）矩形阵列：矩形阵列是指将对象按行列方式进行排列。操作时，一般应告诉CAD阵列的行数、列数、行间距及列间距等，如果要沿倾斜方向生成矩形阵列，还应输入阵列的倾斜角度值（图2-24）。

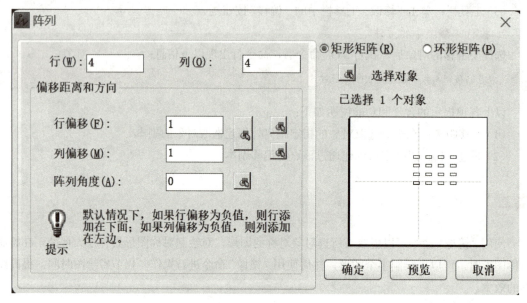

图 2-24　矩形阵列

（2）环形阵列：环形阵列是指把对象绕阵列中心等角度均匀分布，决定环形阵列的主要参数有阵列中心、阵列总角度及阵列数目。此外，也可通过输入阵列总数及每个对象间的夹角生成环形阵列（图2-25）。

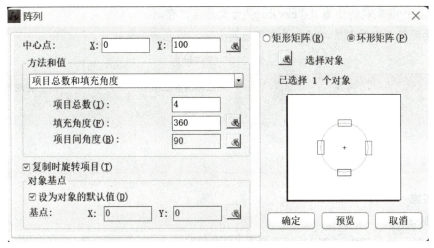

图 2-25 环形阵列

任务实施

一、资讯

（1）怎样将6个餐椅布置整齐？

（2）"镜像命令"的快捷命令是什么？如何操作？

二、计划与决策

（1）建立绘图区域：建立合适的绘图区域，图形必须在设置的绘图区域内。

（2）绘图：按图2-26规定的尺寸绘图，要求图形层次清晰，图层、线型的设置合理。

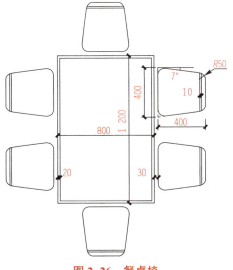

图 2-26 餐桌椅

（3）保存：将完成的图形以"czy.dwg"为文件名保存。

组员共同识读家具图纸，讨论并制订绘制方法，填在表2-9中。

表2-9　工作计划

序号	内容	绘图准备工作	完成时间
1	绘制餐桌		
2	绘制餐椅		
3	餐椅定位		

三、实施

1. 绘制餐桌

（1）绘制尺寸为800×1 200的矩形餐桌（图2-27）。

> 命令：REC
>
> 指定第一个角点或［倒角（C）/标高（E）/圆角（F）/厚度（T）/宽度（W）］:
>
> //在屏幕左下方选取一点
>
> 指定另一个角点或［面积（A）/尺寸（D）/旋转（R）］: @800, 1200

图 2-27　绘制餐桌

（2）偏移800×1 200的矩形。

> 命令：OFFSET
>
> 当前设置：删除源=否围层=源OFFSETGAPTYPE=0
>
> 指定偏移距离或［通过（T）/删除（E）/图层（L）］<通过>: 20
>
> 选择要偏移的对象，或［退出（E）/放弃（U）］<退出>:
>
> //选择（1）中所绘制的矩形
>
> 指定要偏移的那一侧上的点，或［退出（E）/多个（M）/放弃（U）］<退出>:
>
> //用十字光标指定矩形的内侧方向
>
> 选择要偏移的对象，或［退出（E）/放弃（U）］<退出>:

2. 绘制餐椅

（1）绘制椅座。绘制一条长为400的线段。

> 命令：L

指定第一点：//在餐桌右侧附近选取一点

指定下一点或［放弃（U）］：<正交开>400//启用正交功能

指定下一点或［放弃（U）］

（2）将直线向右偏移400。

命令：OFFSET

当前设置：删除源＝否图层＝源OFFSETGAPTYPE=0

指定偏移距离或［通过（T）/删除（E）/图层（L）］<25.0000>：400

选择要偏移的对象，或［退出（E）/放弃（U）］<退出>：//选择（1）中绘制的直线

指定要偏移的那一侧上的点，或［退出（E）/多个（M）/放弃（U）］<退出>：

//用十字光标指定直线的右侧方向

选择要偏移的对象，或［退出（E）/放弃（U）］<退出>：

（3）绘制一条线段连接（2）中的两条直线。

命令：L

指定第一点：<打开对象捕捉>//启用对象捕捉功能，选择点1

指定下一点或［放弃（U）］：//选择点2

指定下一点或［放弃（U）］：

使用同样的方法绘制第二条连接线段。

（4）将（3）中绘制的上面的一条连接线段旋转7°（图2-28）。

命令：ROTATE

ucs当前的正角方向：ANGDIR=逆时针ANGBASE=0ROTATE选择对象：

//选择（3）中由点1和点2确定的线段

选择对象：指定对角点：找到1个

选择对象：

指定基点：//指定点1

指定旋转角度，或［复制（C）/参照（R）］<0>：<正交关>-7

图 2-28　绘制餐椅

使用同样的方法旋转第二条连接线段。

（5）对四个角分别进行圆角操作，圆角半径为50（图2-29）。

命令：FILLET

当前设置：模式=修剪半径=50.0000

选择第一个对象或［多段线（P）/半径（R）/修剪（T）/多个（U）］：R

指定圆角半径<0.0000>：50

选择第一个对象或［多段线（P）/半径（R）/修剪（T）/多个（U）］：U

选择第一个对象或［多段线（P）/半径（R）/修剪（T）/多个（U）］：//选择角1的横向线段

选择第二个对象，或按住Shift键选择要应用角点的对象：//选择角1的垂直线段

继续对角2、角3、角4进行圆角操作

图2-29　餐椅圆角

（6）绘制靠背。

命令：LINE

指定第一点：<打开对象捕捉>//启用对象捕捉功能，选择点1

指定下一点或［放弃（U）］：//选择点2

指定下一点或［放弃（U）］：

（7）将直线向右偏移10（图2-30）。

命令：OFFSET

当前设置：删除源=否图层=源OFFSETGAPTYPE=0

指定偏移距离或［通过（T）/删除（E）/图层（L）］<25.0000>：10

选择要偏移的对象，或［退出（E）/放弃（u）］<退出>：//选择（6）中绘制的直线

指定要偏移的那一侧上的点，或［退出（E）/多个（M）/放弃（U）］<退出>：

//用十字光标指定直线的右侧方向

选择要偏移的对象，或［退出（E）/放弃（u）］<退出>：

图2-30　绘制靠背

3. 餐椅定位

（1）将餐桌右侧边线4等分。

命令：DIV

选择要定数等分的对象：//选择餐桌右侧边线

DIVIDE输入线段数目或［块（B）］：4

（2）将餐椅移动到餐桌右上侧（图2-31）。

命令：M

选择对象：//选择餐椅

选择对象：指定对角点：找到10个

选择对象：

指定基点或［位移（D）］<位移>：//选择餐椅椅座左侧边线的中点

指定第二个点或<使用第一个点作为位移>：//选择餐桌右侧边线上的点5

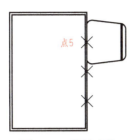

图 2-31　餐椅定位

（3）将餐椅向右偏移。

命令：M

选择对象：//选择餐椅

选择对象：指定对角点：找到10个

选择对象：

指定基点或［位移（D）］<位移>：//用十字光标在餐椅附近选取一点

指定第二个点或<使用第一个点作为位移>：<正交开>30//启用正交功能，将十字光标向右侧

移动

（4）镜像餐椅（图2-32）。

命令：MI

选择对象：//选择右侧的餐椅

选择对象：指定对角点：找到10个

选择对象：

指定镜像线的第一点：//选择餐桌左侧边线的中点点6

指定镜像线的第二点：//选择餐桌右侧边线的中点点7

要删除源对象吗?［是（Y）/否（N）］<N>：

命令：MI

选择对象：//选择右侧的餐椅

选择对象：指定对角点：找到20个

选择对象：

指定镜像线的第一点：//选择餐桌上侧边线的中点点8

指定镜像线的第二点：//选择餐桌下侧边线的中点点9

要删除源对象吗?［是（Y）/否（N）］<N>：

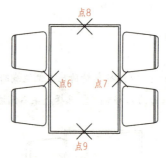

点8

点6 点7

点9

图 2-32　镜像餐椅 1

（5）再次复制餐椅。

命令：CO

选择对象：［选择餐椅］

选择对象：指定对角点：找到10个

选择对象：

指定基点或［位移（D）/模式（o）］<位移>：//选择餐桌右侧第一个餐椅椅座左侧边线的中点

指定第二个点或［阵列（A）］<使用第一个点作为位移>：//在餐桌上侧指定一点

指定第二个点或［阵列（A）/退出（E）/放弃（u）］<退出>：

（6）旋转餐椅。

命令：RO

UCS当前的正角方向：ANGDIR=逆时针　ANGBASE=0

选择对象：//选择复制的餐椅

选择对象：指定对角点：找到10个

选择对象：

指定基点：//选择被复制的餐椅椅座左侧边线的中点

指定旋转角度，或［复制（C）/参照（R）］<0>：<正交关>90

（7）移动旋转后的餐椅。

命令：M

选择对象：//选择旋转后的餐椅

选择对象：指定对角点：找到10个

选择对象：

指定基点或［位移（D）］<位移>：//选择旋转后的餐椅椅座下侧边线的中点

指定第二个点或<使用第一个点作为位移>：//选择餐桌上侧边线的中点点8

（8）再次执行"移动"命令，将移动后的餐椅向上移动30。

命令：M

选择对象：//选择旋转后的餐椅

选择对象：指定对角点：找到10个

选择对象：

指定基点或［位移（ D）］<位移>：//在餐桌上侧指定一点

指定第二个点或<使用第一个点作为位移>：<正交开>30

//启用正交功能，将十字光标放在餐桌上侧的位置

（9）镜像旋转后的餐椅（图2-33）。

命令：MI

选择对象：//选择旋转后的餐椅

选择对象：指定对角点：找到10个

选择对象：

指定镜像线的第一点：//选择餐桌左侧边线的中点点6

指定镜像线的第二点：//选择餐桌右侧边线的中点点7

要删除源对象吗？［是（Y）/否（N）］<N>：

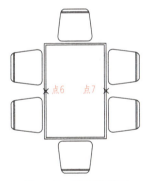

图2-33 镜像餐椅2

4. 扫描二维码观看操作视频

餐桌椅

四、评价与总结

任务完成后按检查内容先进行小组自查，填写完毕后请教师检查，必要时做解释说明或计算机操作演示（表2-10）。

表2-10 评分标准

评价指标	评价内容	分值	自评	组评	师评
线上自学 （15分）	能够自学线上资源	5			
	完成课前讨论	5			
	完成课后自测	5			

评价指标	评价内容	分值	自评	组评	师评
知识技能达成情况（70分）	新建并保存	5			
	设置图形界限	5			
	绘制餐桌	20			
	绘制餐椅	20			
	餐椅定位	20			
能力目标完成情况（15分）	小组协作、沟通表达能力	5			
	自主学习解决问题的能力	5			
	大胆创新，尝试运用新方法	5			
合计					
总结	1. 描述本任务新接触的内容。 2. 总结在任务实施中遇到的困难及解决措施。 3. 总结对本教学任务的建议				

课后任务

一、单选题

1. 在下列命令中可以复制并旋转原对象的是（　　）。

A. 复制命令　　　　　　　　　　　　B. 矩形阵列

C. 镜像命令　　　　　　　　　　　　D. 阵列

2. 在中望CAD 2014中，要对两条直线使用圆角命令，则两线（　　）。

A. 必须直观交于一点　　　　　　　　B. 必须延长后相交

C. 位置可任意　　　　　　　　　　　D. 必须共面

3. 用镜像命令"MIRROR"镜像对象时，下列说法正确的是（　　）。

A. 必须指定旋转角度　　　　　　　　B. 必须指定镜像基点

C. 必须使用参考方式　　　　　　　　D. 可以在三维空间绕任意轴镜像对象

二、绘图题

1. 按图2-34绘制沙发平面图。

2. 绘制矩形18×12，阵列成如图2-35所示的形状：行数为4，行间距为25；列数为4，列间距为30，整个图形与水平方向的夹角为45°。

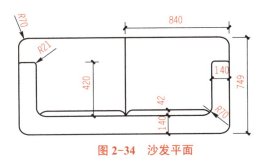

图 2-34 沙发平面

图 2-35 阵列矩形

任务六 运用编辑类命令绘制图形

◎ 课前准备

预习本任务内容，回答下列问题。

引导问题1："移动"命令和"平移"命令有什么不同？

_____

_____

引导问题2：旋转命令有几种使用方法？分别适用于什么情况？

_____

_____

◎ 知识链接

一、移动（MOVE）

使用"移动"命令可以把单个对象或多个对象从当前的位置移至新的位置，而不改变对象的尺寸和方向。

1. 调用移动的命令

（1）命令行：在命令行输入"M"命令。

（2）菜单栏：执行"修改"→"移动"命令。

（3）工具栏：单击"修改"工具栏中的"移动"按钮❖。

2. 移动命令的使用方法

执行"M"命令后，命令行出现以下信息：

以上各选项含义和功能说明如下：

（1）选择对象：选中后对象呈虚线显示。

（2）指定基点：如不指定基点，则默认用"指定位移"方式来移动对象，需在下一步直接输入被移动对象的位移（即相对距离）。此时输入的坐标值可直接使用绝对坐标的形式，无须像通常情况下那样包含"@"标记，因为在此情况下系统默认为相对坐标。

（3）指定第二点的位移：可以直接指定第二点，也可以直接输入位移值。

技巧提示：'移动"命令和"复制"命令的操作非常类似，区别只是在原位置源对象是否保留。

二、旋转（ROTATE）

利用"旋转"命令能使选定对象围绕指定中心点按照一定的角度进行旋转。

技巧提示：在 AutoCAD 中，默认状态下逆时针旋转角度为正值，顺时针旋转角度为负值。

1. 调用旋转的命令

（1）命令行：在命令行输入"RO"命令。

（2）菜单栏：执行"修改"→"旋转"命令。

（3）工具栏：单击"修改"工具栏上的"旋转"按钮🔾。

2. 旋转命令的使用方法

执行"RO"命令后，命令行出现以下信息：

以上各选项含义和功能说明如下：

（1）指定旋转角度：将选定的对象绕指定的基点旋转指定的角度。

绘制图2-36所示图形，将图2-36中 A、D 对象以 A 为基点，移动到 B 点，再通过"旋转"命令，将该对象以 B 点为基点，旋转 -90° 形成如图2-37所示的图形。

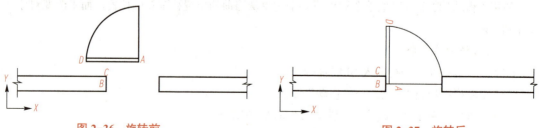

图 2-36　旋转前　　　　　　　　　　图 2-37　旋转后

（2）复制（C）：在旋转对象的同时还能保留源对象。

（3）参照（R）：可通过指定参照角度和新角度将对象从指定的角度旋转到新的绝对角度。

注意参照角的选择，如图2-37所示图形，如采用参照旋转，则指定参照角时应先单击B点，再单击D点，新角度为参照后的角度，即应指定C点。

技巧提示：在旋转对象过程中，如明确知道旋转角度，可采用指定角度方式旋转对象；如不能确定旋转的准确角度，可采用参照方式旋转对象；如在旋转的同时还要保留源对象，可采用旋转、复制的方式旋转对象。

三、缩放（SCALE）

"缩放"命令通过指定比例因子改变对象的大小。

技巧提示：比例因子小于1表示缩小，比例因子大于1表示放大。

1. 调用缩放的命令

（1）命令行：在命令行输入"SC"命令。

（2）菜单栏：执行"修改"→"缩放"命令。

（3）工具栏：单击"修改"工具栏上的"缩放"按钮■。

2. 缩放命令的使用方法

执行"SC"命令后，命令行出现以下信息：

> 选择对象：
>
> 指定基点：
>
> 指定缩放比例或［复制（C）/参照（R）］<1.0000>：

以上各选项含义和功能说明如下：

（1）指定缩放比例：可以将对象按指定的比例因子相对于基点进行尺寸缩放。

（2）复制（C）：在缩放对象的同时保留源对象。

（3）参照（R）：对象将按参照的方式缩放，需要依次输入参照长度的值和新的长度值，AutoCAD根据参照长度与新长度的值自动计算比例因子（比例因子=新长度值/参照长度值），然后进行缩放。

将图2-38中对象M1以A为基点进行参照缩放，指定参照长度时，先指定第一点A点，再指定第二点B点，指定新的长度值时，指定C点，即可缩放编辑完成图2-39所示的图形。

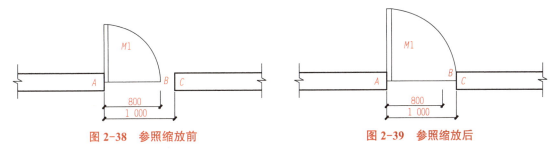

图2-38　参照缩放前　　　　　　　　　图2-39　参照缩放后

四、拉伸（STRETCH）

"拉伸"命令是在指定对象的基点和位移点的情况下对图形的部分对象进行放大或缩小。"拉伸"命令常用于对图形长度的修改与编辑。

1.调用拉伸命令

（1）命令行：在命令行输入"S"命令。

（2）菜单栏：执行"修改"→"拉伸"命令。

（3）工具栏：单击"修改"工具栏的"拉伸"按钮 。

2.拉伸命令的使用方法

执行S命令后，命令行出现以下信息：

> 以交叉窗口或交叉多边形选择要拉伸的对象...
>
> 选择对象：
>
> 指定基点或［位移（D）］＜位移＞：
>
> 指定第二点的位移或者＜使用第一点当做位移＞：

技巧提示： 必须以"窗叉"方式或"圈叉"方式选择要拉伸的对象，且与窗口相交的图形对象被拉伸或压缩，完全位于窗口内的图形对象只作移动。

将图2-40中右侧墙体进行拉伸，即可拉伸编辑完成如图2-41所示的图形。

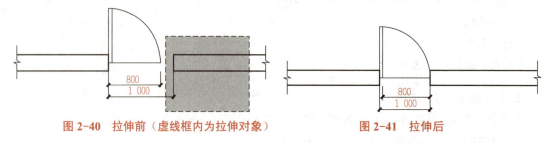

图2-40　拉伸前（虚线框内为拉伸对象）　　　　图2-41　拉伸后

五、拉长（LENGTHEN）

"拉长"命令可以拉长或缩短直线、圆弧的长度。

1.调用拉长的命令

（1）命令行：在命令行输入"LEN"命令。

（2）菜单栏：执行"修改"→"拉长"命令。

2."拉长"命令的使用方法

执行LEN命令后，命令行出现以下信息：

> 选择对象或［增量（DE）/百分数（P）/全部（T）/动态（DY）］：

以上各选项含义和功能说明如下：

（1）增量（DE）：可以通过输入长度增量拉长或缩短对象。也可以通过输入角度增量拉长或缩短圆弧。输入正值为拉长，输入负值则为缩短。

（2）百分数（P）：通过指定对象总长度的百分数改变对象长度。输入的值大于100，拉长所选对象；输入的值小于100，则缩短所选对象。

（3）全部（T）：通过指定对象的总长度来改变选定对象的长度，也可以按照指定的总角度改变选定圆弧的包含角。

（4）动态（DY）：通过拖动选定对象的端点来改变其长度。

技巧提示：拉长（或缩短）直线、圆弧时，以中心点为届，拾取点所在的一侧就是改变长度的一侧。

任务实施

一、资讯

（1）说一说所学过的命令里，有哪些具有参照功能？

（2）指出以上例题中使用"旋转"和"缩放"命令时，参照角和参照长度分别应该如何选择？

二、计划与决策

组员共同阅读知识链接内容，讨论下列任务中例图所用命令并制订绘图工作计划，填在表2-11中。

表2-11　工作计划

序号	内容	绘图准备工作	完成时间
1			
2			
3			
4			

三、实施

【例2-9】建立新图形文件，绘图区域为：240×200；绘制一个边长为100的正三角形，在正三角形中绘制15个圆，其中每个圆的半径相等，圆与相邻圆以及相邻直线都相切，如图2-42所示。

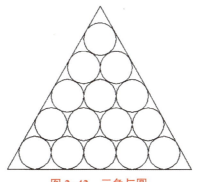

图2-42　三角与圆

（1）新建并保存文件。

1）启动中望CAD 2014软件，打开新图形文件，执行"文件"→"保存"命令，或单击"保存"按钮 💾，在弹出的"图形另存为"对话框中输入"文件名"为"例2-9"。单击"保存"按钮 保存(S)后，图形文件被保存为"例2-9.dwg"文件。

2）执行"格式"→"图形界限"命令，依据提示，设定图形界限的左下角为（0，0），右上角为（240，200），在命令行输入ZOOM（Z）→确认（按Enter键或者空格键）→A。

（2）绘制图形。

1）绘制适当大小的圆，并使用"复制"命令绘制完成另外4个圆，如图2-43所示。

图2-43 复制圆

2）利用边长法绘制等边三角形，如图2-44所示，再使用"复制"命令将4个圆复制到如图2-45所示的位置。

 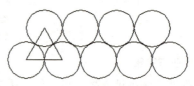

图2-44 绘制等边三角形　　　　　　　图2-45 复制4个圆

3）利用"镜像"命令，将图2-46所示的3个虚线圆进行镜像，镜像线为A、B两个圆心所在的直线，镜像后如图2-47所示。

4）同上步，利用"镜像"命令绘制出其他3个圆，并将左下角三角形删除，如图2-48所示。

 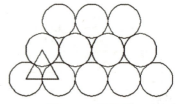

图2-46 镜像前　　　　　　　　　　　图2-47 镜像后

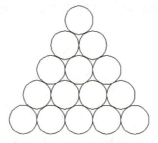

图2-48 镜像完成所有圆

5）同第四步，用边长法绘制出图2-49所示的等边三角形，并用"偏移"的通过（T）命令绘制出与圆相切的等边三角形，如图2-50所示。

图 2-49　绘制等边三角形

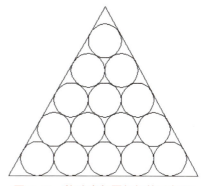

图 2-50　偏移出与圆相切的三角形

6）使用"缩放"命令选择"参照缩放"，指定参照长度时，依次选择三角形的边长的两个端点，即以边长作为参照长度，指定新长度时，输入 100 即可。

7）标注边长尺寸，保存图形文件。

（3）扫描二维码观看绘图的视频。

参照缩放

【例 2-10】绘制如图 2-51 所示的推拉门衣橱。

（1）新建文件并设置绘图环境。

创建新的图形文件，执行"格式"→"单位"命令，设置长度和角度的类型及精度，并设置"用于缩放插入内容的单位"为"毫米"。执行"格式"→"图形界限"命令，依据提示，设定图形界限的左下角为（0，0），右上角为（10 000，7 000）。再在命令行输入 ZOOM（Z）→确认（按 Enter 键或者空格键）→A，使输入的图形界限区域全部显示在图形窗口内。

（2）绘制图形。

1）绘制、偏移、修剪线段：单击"绘图"工具栏的"直线"按钮，绘制图 2-52 所示的线段，推拉门衣橱为 1 200×700，水平方向的中线用中点捕捉。

如图 2-53 所示，将线段进行偏移，偏移距离分别为 25 和 50。

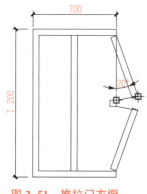

图 2-51　推拉门衣橱

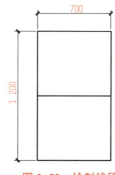

图 2-52　绘制线段

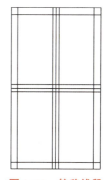

图 2-53　偏移线段

对图2-54所示的两个位置进行圆角处理，圆角半径为0，再删除多余的两条线段。

单击"修改"工具栏的"修剪"按钮，按图2-55所示效果完成线段的修剪。

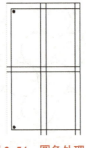

图 2-54　圆角处理

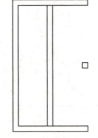

图 2-55　修剪线段

2）补绘推拉门衣橱口的四条线段，如图2-56所示。

3）单击"修改"工具栏的"旋转"按钮，选中上一步中补绘的上半部分两条线段，再选择图2-57所示点为基点，以旋转角度20°进行旋转。按上述相同的方法，完成下半部分两条线段的旋转。

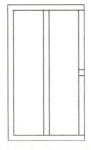

图 2-56　补绘线段

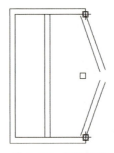

图 2-57　旋转线段

4）继续补绘四条线段，再利用"起点，端点，半径"绘制圆弧（注意：以逆时针顺序选择起点和端点），半径为525，如图2-58所示。

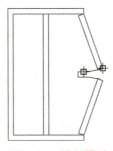

图 2-58　绘制圆弧

（3）扫描二维码观看绘图的视频。

推拉门衣橱

四、评价与总结

任务完成后进行自我评价和小组评价并认真书写任务总结，最后交由教师评价（表2-12）。

表2-12 评分标准

评价指标	评价内容	分值	自评	组评	师评
线上自学 （15分）	能够自学线上资源	5			
	完成课前讨论	5			
	完成课后自测	5			
知识技能 达成情况 （70分）	新建并保存文件	5			
	设置绘图区域及单位	5			
	参照缩放	20			
	移动、拉伸、拉长	20			
	绘制推拉门衣橱	20			
能力目标 完成情况 （15分）	小组协作、沟通表达能力	5			
	自主学习解决问题的能力	5			
	大胆创新，尝试运用新方法	5			
	合计				
总结	1. 描述本任务新接触的内容。 2. 总结在任务实施中遇到的困难及解决措施。 3. 总结对本教学任务的建议				

课后任务

一、单选题

1. 在CAD中用旋转命令"ROTATE"旋转对象时，基点的位置（　　）。

    A. 可以任意选择   B. 必须选对象上的特殊点

    C. 必须选对象的中点   D. 可以不指定

2. 用缩放命令"SCALE"缩放对象时（　　）。

    A. 必须指定缩放倍数   B. 可以不指定缩放基点

    C. 必须使用参考方式   D. 可以在三维空间缩放对象

3. 使用拉长命令"LEMGTHEN"修改开放曲线的长度时有很多选项，除了（　　）。

    A. 增量   B. 封闭

    C. 百分数   D. 动态

二、判断题

1. 窗交拾取法只能选中全部点都位于矩形框内的对象。 （ ）
2. 直接拾取对象的方法一次只能选择一个对象。 （ ）
3. 旋转命令中旋转角度值可以输入负值。 （ ）
4. 在不知道倾斜角度的情况下也可以将一条斜线通过旋转命令旋转为竖直方向。 （ ）
5. 使用缩放命令"ZOOM"和缩放命令"SCALE"都可以调整对象的大小，可以互换使用。 （ ）
6. 使用"STRETCH"命令只能将实体拉长。 （ ）

三、绘图题

将如图2-59中的矩形以矩形对角线交点为中点旋转90°，以旋转后的矩形作环形阵列，阵列中心为圆心，阵列后矩形个数为8，环形阵列的填充角度为270°，完成后的图形如图2-60所示。

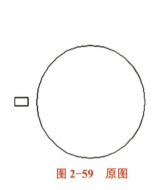

图 2-59 原图

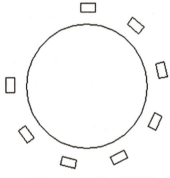

图 2-60 旋转、阵列后

任务七 运用修改类命令绘制图形

⊙ 课前准备

预习本任务内容，回答下列问题。

引导问题1： 修剪对象有哪些快捷方法？

_____

_____

引导问题2： 倒角和圆角的区别有哪些？

_____

_____

一、修剪（TRIM）

"修剪"命令可以某一个或多个对象为剪切边修剪其他对象。

1. 调用修剪的命令

（1）命令行：在命令行输入"TR"命令。

（2）菜单栏：执行"修改"→"修剪"命令。

（3）工具栏：单击"修改"工具栏的"修剪"按钮。

2. 修剪命令的使用方法

执行"TR"命令后，命令行出现以下信息：

> 选择剪切边 ...
>
> 选择对象或<全部选择>：//选择用作修剪边界的对象
>
> 选择要修剪的对象，或按住Shift键选择要延伸的对象，或［栏选（F）/窗交（C）/投影（P）/边缘模式（E）/删除（R）/撤销（U）］：

以上各选项含义和功能说明如下：

（1）栏选（F）：以栏选方式选择要修剪的对象。

（2）窗交（C）：以交叉窗口选择的方式选择要修剪的对象。

（3）投影（P）：指定修剪对象时使用的投影方式。

（4）边缘模式（E）：该选项用来确定修剪的方式（需输入隐含边延伸模式，默认不延伸）。

1）延伸（E）：按延伸的方式修剪，如果修剪边太短，没有与被剪边对象相交，可延伸修剪边，然后进行修剪。

2）不延伸（N）：只有当剪切边与被修剪对象相交时，才能进行修剪。

（5）删除（R）：该选项可以删除选中的对象。

（6）撤销（U）：取消上一次操作。

技巧提示：执行"修剪"命令后，按两次Enter键，可以直接修剪对象。

二、延伸（EXTEND）

"延伸"命令用于将直线、圆弧、椭圆弧等对象的端点精确地落在指定的边界线上。

1. 调用延伸的命令

（1）命令行：在命令行输入"EX"命令。

（2）菜单栏：执行"修改"→"延伸"命令。

（3）工具栏：单击"修改"工具栏的"延伸"按钮。

2. 延伸命令的使用方法

执行"EX"命令后，命令行出现以下信息：

> 选择边界的边 ...

选择对象或<全部选择>: //选择延伸的边界

选择要延伸的对象，或按住Shift键选择要修剪的对象，或 [栏选（F）/窗交（C）/投影（P）/边（E）/撤销（U）]:

以上各选项含义和功能说明与"修剪"命令中的类似，此处不再赘述。

■ 三、倒角（CHAMFER）

1. 调用倒角的命令
（1）命令行：在命令行输入"CHA"命令。
（2）菜单栏：执行"修改"→"倒角"命令。
（3）工具栏：单击"修改"工具栏的"倒角"按钮 。

2. 倒角命令的使用方法
执行"CHA"命令后，命令行出现以下信息：

（"修剪"模式）当前倒角距离1=10.0000，距离2=10.0000

选择第一条直线或 [多段线（P）/距离（D）/角度（A）/修剪（T）/方式（M）/多个（U）]:

以上各选项含义和功能说明如下：
（1）多段线（P）：对多段线各个角同时倒角。
（2）距离（D）：用来确定倒角的两个距离。
（3）角度（A）：通过定义角度和距离进行倒角。
（4）修剪（T）：用于确定倒角的修剪状态，如图2-61所示。
（5）方式（M）：该选项用来确定倒角的方式，若选取该项，将提示：

输入修剪方法 [距离（D）/角度（A）] <距离>:

（6）多个（U）：取消上一次操作。

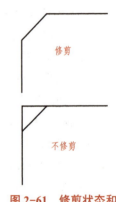

图2-61 修剪状态和
不修剪状态

■ 四、圆角（FILLET）

1. 调用圆角的命令
（1）命令行：在命令行输入"F"命令。
（2）菜单栏：执行"修改"→"圆角"命令。
（3）工具栏：单击"修改"工具栏的"圆角"按钮 。

2. 圆角命令的使用方法
执行"F"命令后，命令行出现以下信息：

当前设置：模式=修剪，半径=10.0000

选择第一个对象或 [多段线（P）/半径（R）/修剪（T）/多个（U）]:

以上各选项含义和功能说明如下：
（1）多段线（P）：对多段线各个角同时倒圆角。

（2）半径（R）：设置当前圆角半径值。

（3）修剪（T）：用于确定倒角的修剪状态。

（4）多个（U）：取消上一次操作。

五、打断（BREAK）

1. 调用打断的命令

（1）命令行：在命令行输入"BR"命令。

（2）菜单栏：执行"修改"→"打断"命令。

（3）工具栏：单击"修改"工具栏的"打断"按钮 📗。

2. 打断命令的使用方法

执行"BR"命令后，命令行出现以下信息：

> 选择对象：
>
> 指定第二个打断点，或［第一点（F）］

以上各选项含义和功能说明如下：

（1）选择对象：选择欲打断的对象，CAD默认将选择对象的选择点作为第一点，用户可以通过"F"选项重新指定第一打断点。

（2）指点第二个打断点：系统将用选择点作为起点、用指定第二打断点作为终点，删除两点间部分的线段。

（3）第一点（F）：输入F，重新定义第一打断点。

六、合并（JOIN）

合并命令可以将多段线、直线、圆弧、椭圆弧等独立的线段合并为一个对象。

1. 调用合并的命令

（1）命令行：在命令行输入"J"命令。

（2）菜单栏：执行"修改"→"合并"命令。

（3）工具栏：单击"修改"工具栏的"合并"按钮 📌。

2. 合并命令的使用方法

执行"J"命令后，命令行出现以下信息：

> JOIN：
>
> 选择连接的圆弧，直线，开放多段线，椭圆弧：

技巧提示：合并对象时，直线对象必须共线，它们之间可以有间隙，多段线对象之间不能有间隙，圆弧对象必须位于同一假想的圆上，它们之间可以有间隙。

七、分解（EXPLODE）

1. 调用分解的命令

（1）命令行：在命令行输入"X"命令。

（2）菜单栏：选择"修改"→"分解"命令。

（3）工具栏：执行"修改"工具栏上的"分解"按钮 。

2. 分解命令的使用方法

执行"X"命令后，命令行出现信息：

选择对象：

技巧提示：复合对象被分解为单一对象后，其图层、线型、颜色等属性依旧保留。

任务实施

一、资讯

（1）绘制楼梯平面图的步骤是什么？

（2）墙体在修剪前需要进行什么操作？

二、计划与决策

（1）建立绘图区域：建立合适的绘图区域，图形必须在设置的绘图区域内。

（2）绘图：按图2-62规定的尺寸绘图，要求图形层次清晰，图层、线型的设置合理，填空图案比例合理。

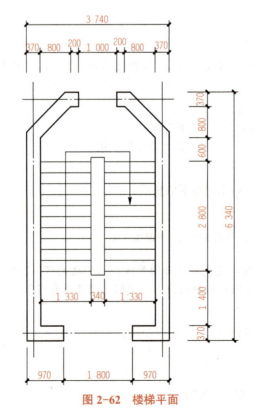

图2-62 楼梯平面

（3）保存：将完成的图形以"楼梯平面.dwg"为文件名保存在中。组员共同识读楼梯平面图，讨论并制订绘制方法，填在表2-13中。

表 2-13　工作计划

序号	内容	绘图准备工作	完成时间
1	绘制定位轴线		
2	绘制墙体		
3	绘制踏步		
4	绘制扶手		
5	绘制指向箭头		

三、实施

（1）定义图形界限：执行"格式"→"图形界限"命令，依据提示，设定图形界限的左下角为（0，0），右上角为（10 000，10 000）。再在命令行输入ZOOM（Z）→确认（按Enter键或空格键）→A，使输入的图形界限区域全部显示在图形窗口内。

（2）定义图层：执行"格式"→"图层"命令（LA），或单击"图层"工具栏的"图层特性管理器"按钮 ，在弹出的"图层特性管理器"对话框中设置图层的名称、线宽、线型和颜色等，如图2-63所示。

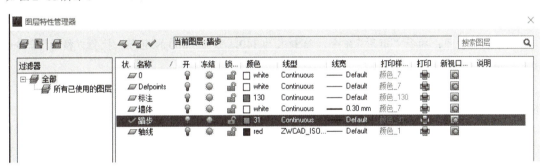

图 2-63　图层特性管理器

（3）绘制轴线：执行"直线（L）"命令绘制一根长4 000的横线，一根长7 000的竖线（两条水平正交直线）。执行"偏移（O）"命令将水平轴偏移5 970，垂直轴偏移3 370，结果如图2-64所示。

（4）绘制墙体：执行"多线（ML）"命令。

1）选择对正（J），按Enter键。

2）输入对正类型：无（Z），按Enter键。

3）选择比例（S），按Enter键。

4）输入多线比例为370，按Enter键。

5）输入"X"分解墙体，执行"倒角（CHA）"命令，执行"D"命令设置距离1、距离2均为800，拾取内侧墙线进行倒角，向外侧偏移370，执行"延伸（EX）"命令，延伸至外墙线，修剪多余线条。

图 2-64　偏移墙线

6）外侧墙线向内偏移1 370和970，可以用"打断（BR）"或者"修剪（TR）"命令进行打断或者修剪操作，结果如图2-65所示。

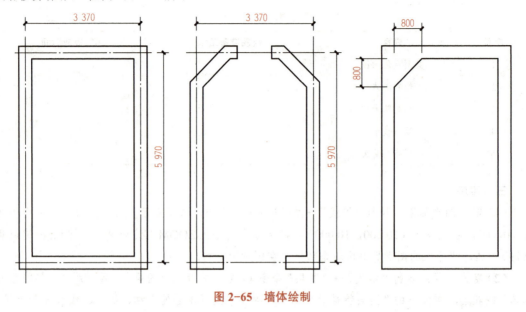

图 2-65　墙体绘制

（5）绘制踏步：利用"偏移"命令绘制第一个踏步，执行"阵列（AR）"命令，选择"矩形阵列"，行定义为11行，列定义为1列，行间距为280，确定，如图2-66所示。

（6）绘制扶手：执行"矩形"命令，绘制长为340，宽为3 000的矩形，执行"移动"命令，放置在踏步中点处。

（7）绘制指向箭头：执行多段线"PL"命令，捕捉中心点，绘制指向箭头，输入宽度"W"，指定起点宽度为50，指定端点宽度为0，如图2-67所示。

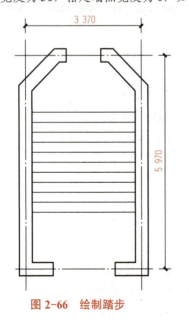

图 2-66　绘制踏步

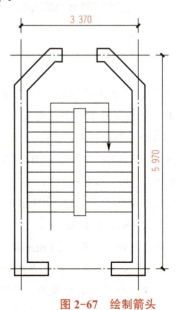

图 2-67　绘制箭头

（8）扫描二维码观看操作视频。

楼梯

四、评价与总结

任务完成后进行自我评价和小组评价并认真书写任务总结，最后交由教师评价（表2-14）。

表2-14 评分标准

评价指标	评价内容	分值	自评	组评	师评
线上自学 （15分）	能够自学线上资源	5			
	完成课前讨论	5			
	完成课后自测	5			
知识技能 达成情况 （70分）	新建并保存	5			
	设置图形界限	5			
	绘制轴线	5			
	绘制墙体	10			
	绘制踏步	5			
	绘制扶手	5			
	绘制指向箭头	5			
	绘制楼梯习题	30			
能力目标 完成情况 （15分）	小组协作、沟通表达能力	5			
	自主学习解决问题的能力	5			
	大胆创新，尝试运用新方法	5			
	合计				
总结	1. 描述本任务新接触的内容。 2. 总结在任务实施中遇到的困难及解决措施。 3. 总结对本教学任务的建议				

📘 **课后任务** ··

一、单选题

1. 应用倒角命令"CHA"进行倒角操作时，下列选项正确的是（　　）。

　　A. 不能对多段线对象进行倒角　　　　　　B. 可以对样条曲线对象进行倒角

　　C. 不能对文字对象进行倒角　　　　　　　D. 不能对三维实体对象进行倒角

2. 运用"延伸"命令延伸对象时，在"选择延伸的对象"提示下，按住（　　）键，可以由延伸对象状态变为修剪对象状态。

　　A. Alt　　　　　　　　　　　　　　　　　B. Ctrl

　　C. Shift　　　　　　　　　　　　　　　　D. 以上均可

3. 在下列命令中，不具有"修剪"功能的是（　　）。

　　A. "修剪"命令　　　　　　　　　　　　　B. "倒角"命令

　　C. "圆角"命令　　　　　　　　　　　　　D. "偏移"命令

二、绘图题

按图 2-68 所示尺寸绘制楼梯图，要求图形层次清晰，图层设置合理。楼梯轮廓线应有一定的宽度，宽度自行设置。

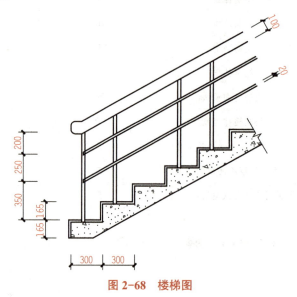

图 2-68　楼梯图

项目三 绘制建筑施工图

项目背景

项目地址：无锡市某社区卫生服务中心药品楼。

设计依据：甲方提供的设计委托书和甲方认可的设计方案及国家现行规范。

项目介绍：本项目建于无锡市，建筑面积为530.23 m²，建筑物总高为7.600 m，耐久年限为50年，耐火等级为二级。已收集了本项目建筑施工图纸，将利用中望CAD 2014软件完成建筑一层平面图（图3-1）、建筑南立面图（图3-2）和建筑1-1剖面图（图3-3）的绘制。

学有所获

1. 知识目标

（1）掌握绘制建筑施工图的基本步骤及制图规范；

（2）掌握中望CAD 2014软件基本绘图和编辑命令。

2. 能力目标

（1）能应用中望CAD 2014软件绘制建筑施工图；

（2）能识读简单的民用建筑施工图；

（3）具有一定的建筑空间想象能力。

3. 素质目标

（1）具备绘制和识读建筑施工图所必需的基本职业素养；

（2）具备团队协作、求真务实的职业道德观念；

（3）具备一定的理论联系实际，独立解决问题的能力。

实训任务

任务一 建筑施工图基本知识

任务二 绘制建筑平面图

任务三 绘制建筑立面图

任务四 绘制建筑剖面图

任务五 综合实训项目

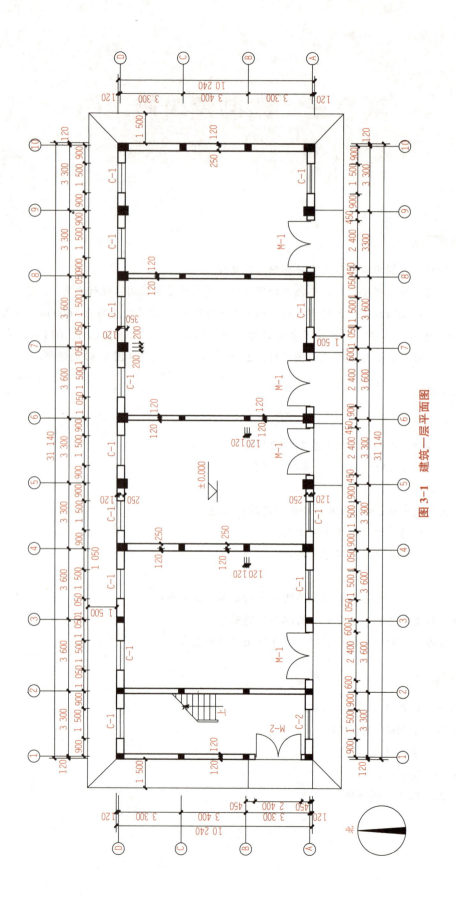

图 3-1 建筑一层平面图

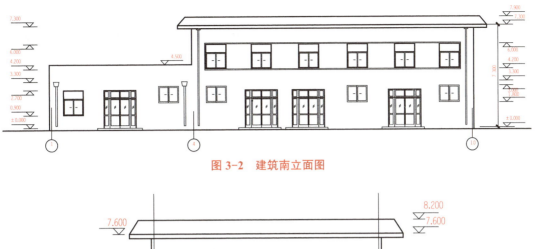

图 3-2 建筑南立面图

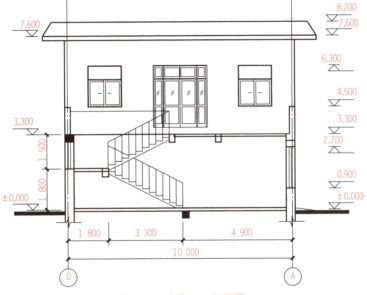

图 3-3 建筑 1-1 剖面图

任务一 建筑施工图基本知识

◉ **知识链接**

要进行建筑施工图的绘制,首先要掌握建筑施工图的相关制图规范及基础知识。

■ **一、建筑施工图的用途和内容**

1. 用途

建筑施工图是表示建筑物的总体布局、外部造型、内部布置、细部构造、内外装饰、固定设施和施工要求的图样。

2. 内容

建筑施工图的内容一般包括总平面图、施工总说明、门窗表、建筑平面图、建筑立面图、建筑剖面图和建筑详图等。

二、建筑施工图的图示方法

绘制和阅读房屋的建筑施工图，应根据画法几何的投影原理，并遵守《房屋建筑制图统一标准》（GB/T 50001—2017）；下面简要说明《建筑制图标准》（GB/T 50104—2010）的一些基本规定，并补充说明尺寸注法中有关标高的基本规定。

1. 图线

建筑专业制图采用的各种线型，应符合《建筑制图标准》（GB/T 50104—2010）的规定。图线的宽度 b，应根据图样的复杂程度和比例，按《房屋建筑制图统一标准》（GB/T 50001—2017）中图线的规定选用，如图3-4～图3-6所示。

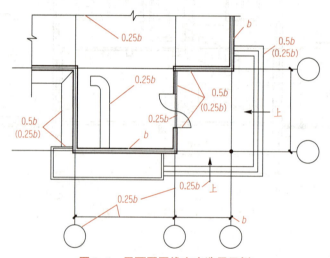

图 3-4　平面图图线宽度选用示例

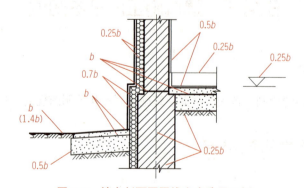

图 3-5　墙身剖面图图线宽度选用示例

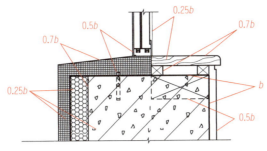

图 3-6　详图图线宽度选用示例

2．比例

建筑专业制图选用的比例，宜符合《建筑制图标准》（GB/T 50104—2010）规定。

3．构造及配件图例

由于建筑平、立、剖面图常用 1 ∶ 50、1 ∶ 100 或 1 ∶ 200 等较小比例，图样中的一些构造及配件，不可能也不必要按实际投影画出，只需用规定的图例表示。建筑专业制图采用《建筑制图标准》（GB/T 50104—2010）规定的构造及配件图例。

4．常用符号

（1）索引符号和详图符号。索引符号是由直径为 8 ～ 10 mm 的圆和水平直径组成，圆和水平直径均应以细实线绘制，如图 3-7、图 3-8 所示。

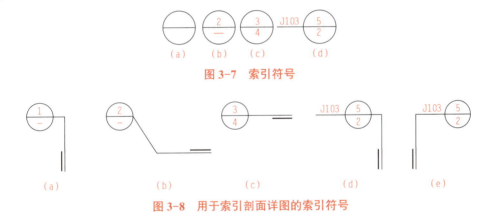

图 3-7　索引符号

图 3-8　用于索引剖面详图的索引符号

详图的位置和编号，应以详图符号表示，详图符号的圆应以直径为 14 mm 粗实线绘制。

（2）引出线。引出线应以细实线绘制，宜采用水平方向的直线，与水平方向成 30°、45°、60°、90° 的直线，或经上述角度再折为水平线，如图 3-9 ～ 图 3-11 所示。

多层构造或多层管道共用引出线，应通过被引出的各层。

图 3-9　引出线

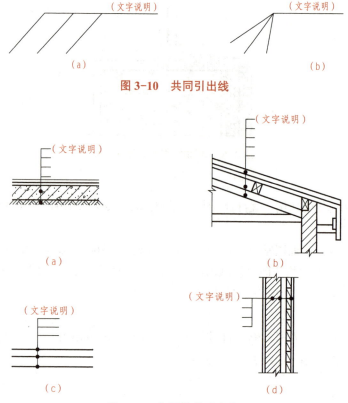

图 3-10　共同引出线

（a）　　　　　　　　　（b）

（a）　　　　　　　　　（b）

（c）　　　　　　　　　（d）

图 3-11　多层构造引出线

（3）定位轴线及其编号。定位轴线应以细点画线绘制。定位轴线一般应编号，编号应注写在轴线端部的圆内。圆应用细实线绘制，直径为 8 ～ 10 mm。定位轴线圆的圆心，应在定位轴线的延长线上或延长线的折线上。

平面图上定位轴线的编号，宜注写在图样的下方及左侧。横向编号应用阿拉伯数字，按从左至右的顺序编写，竖向编号应用大写拉丁字母，按从下至上的顺序编写，如图 3-12 所示。

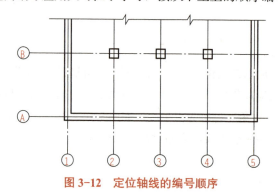

图 3-12　定位轴线的编号顺序

拉丁字母的 I、O、Z 不得用作轴线编号。如字母数量不够使用，可增用双字母或单字母加注脚，如 AA、BA……YA 或 A1、B1……Y1。

附加定位轴线的编号，应以分数的形式表示。

一个详图适用于几根轴线时，应同时注明各有关轴线的编号，如图 3-13 所示。

通用详图中的定位轴线，应只画圆，不注写轴线编号。

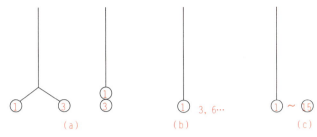

图 3-13　详图的轴线编号

（a）用于2根轴线时；（b）用于3根或3根以上轴线时；（c）用于3根以上连续编号的轴线时

（4）标高。标高是标注建筑物高度的另一种尺寸形式。标高符号应以直角等腰三角形表示，如图3-14所示。

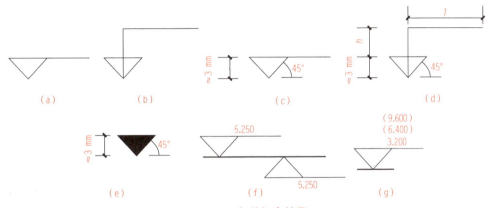

图 3-14　各种标高符号

（a）标高符号；（b）总平面图室外地坪；（c）标高的指向；（d）同一位置注写；
（e）总平面图室外地坪标高符号；（f）标高的指向；（g）同一位置注写多个标高数字

（5）其他符号。对称符号（图3-15）由对称线和两端的两对平行线组成。对称线用细点画线绘制；指北针的形状宜如图3-16所示，其圆的直径宜为24 mm，用细实线绘制。

图 3-15　对称符号　　　　　　　　图 3-16　指北针

📘 **课后任务**

单选题

1. 图样上的尺寸数字代表的是（　　　）。

　　A. 实际尺寸　　　　　　　　　　B. 图线的长度尺寸

　　C. 随比例变化的尺寸　　　　　　D. 其他

2. 当比例为1∶100时，图上量得长度为30 mm，实际长度为（　　）m。

    A. 3.0　　　　　　　　　　　　　　B. 30

    C. 0.3　　　　　　　　　　　　　　D. 60

3. 建筑平面图中的中心线、对称线一般应用（　　）。

    A. 细实线　　　　　　　　　　　　B. 细虚线

    C. 细单点长画线　　　　　　　　　D. 细双点画线

4. 建筑施工图中定位轴线端部的圆用细实线绘制，直径为（　　）mm。

    A. 8～10　　　　　　　　　　　　B. 11～12

    C. 5～7　　　　　　　　　　　　　D. 12～14

5. 详图索引符号为 ⊙（2/3），圆圈内的3表示（　　）。

    A. 详图所在的定位轴线编号　　　　B. 详图的编号

    C. 详图所在的图纸编号　　　　　　D. 被索引的图纸的编号

任务二　绘制建筑平面图

◉ **课前准备**

请扫描二维码观看建筑平面图（图3-1）的形成过程，回答下列问题。

引导问题1：室外散水的宽度为（　　）mm。

    A. 1 400　　　　　　　　　　　　B. 1 500

    C. 1 600　　　　　　　　　　　　D. 1 700

引导问题2：C-1和C-2的尺寸分别为（　　）。

    A. 1 400 mm，1 500 mm　　　　　B. 1 500 mm，1 500 mm

    C. 1 500 mm，1 600 mm　　　　　D. 1 400 mm，1 600 mm

引导问题3：④号轴线对应的墙体宽度为（　　）mm。

    A. 180　　　　　　　　　　　　　B. 240

    C. 370　　　　　　　　　　　　　D. 480

引导问题4：本项目建筑平面图和住宅平面布局图有什么不同？

_____

_____

平面图的形成
及绘制过程

◉ **知识链接**

要进行建筑平面图的绘图，首先要掌握如何根据规范进行绘图环境的设置，其次要掌握建筑平面图的相关基础知识。

一、绘图环境的设置

1. 图层
（1）命令行：在命令行输入"LAYER"命令。
（2）菜单栏：执行"格式"→"图层"命令。
2. 文字样式
（1）命令行：在命令行输入"STYLE"命令。
（2）菜单栏：执行"格式"→"文字样式"命令。
3. 标注样式
（1）命令行：在命令行输入"DIMSTYLE"命令。
（2）菜单栏：执行"格式"→"标注样式"命令。

文字样式、标注样式的设置

二、建筑平面图的形成过程

假想用一水平剖切平面经门、窗洞将房屋剖开，将剖切平面以下部分从上向下投射得到图形，如图3-17所示。

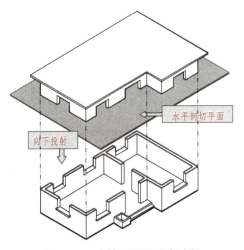

图 3-17 建筑平面图形成过程

三、建筑平面图的尺寸标注

平面图中的尺寸分为外部尺寸和内部尺寸两部分。

（1）外部尺寸。为便于读图和施工，外部尺寸一般标注三道尺寸。

（2）内部尺寸。表明房间的净空大小和室内的门窗洞的大小、墙体的厚度等尺寸。

标注的组成：一个完整的标注由尺寸界线、尺寸线、箭头、文字四部分组成，如图3-18所示。

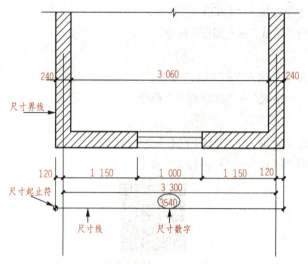

图3-18　标注的组成

"新建标注样式：图形标注"对话框由"直线和箭头""文字""调整""主单位""换算单位""公差""其它项"七个选项卡组成，如图3-19所示。分别设置组成标注的各项目的属性以及其他相关数值。

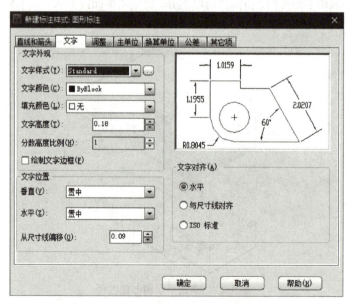

图3-19　标注样式对话框的选项卡

各选项卡的功能及作用如下：

（1）"直线和箭头"选项卡：用来设置尺寸线及尺寸界线的格式和位置；用来设置箭头及圆心标记的样式和大小、弧长符号的样式、半径折弯角度等参数。

（2）"文字"选项卡：用来设置文字的外观、位置、对齐方式等参数。

（3）"调整"选项卡：用来设置标注特征比例、文字位置等，还可以根据尺寸界线的距离设置文字和箭头的位置。

（4）"主单位"选项卡：用来设置主单位的格式和精度。

（5）"换算单位"选项卡：用来设置换算单位的格式和精度。

（6）"公差"选项卡：用来设置公差的格式和精度。

四、建筑平面图的绘制步骤

（1）设置绘图环境；

（2）绘制定位轴线；

（3）绘制墙线；

（4）绘制建筑细部构造；

（5）尺寸标注、文字注写；

（6）完善图形。

任务实施

一、资讯

（1）370 mm 的墙应该如何绘制？

（2）±0.000 应该如何注写？

二、计划与决策

组员共同识读建筑平面图，进行绘制前的准备，阅读案例，理解并分析所给的资料。根据所学的制图知识和 CAD 操作基础，讨论并尝试列出绘制提纲，选取合理方案，填在表 3-1 中。

表 3-1　工作计划

序号	内容	绘图准备工作	完成时间
1			
2			
3			
4			
5			

三、实施

1. 新建并保存文件

（1）启动中望CAD 2014软件，可双击圈图标，打开中望CA 2014软件。

（2）打开新图形文件，执行"文件"→"保存"命令，或单击"保存"按钮🖫，在弹出的"图形另存为"对话框中输入"文件名"为"建筑平面图"。单击"保存"按钮 ＿保存(S)＿后，图形文件被保存为"建筑平面图 .dwg"文件。

2. 设置绘图环境

（1）执行"格式"→"图层"命令（LA），或单击"图层"工具栏的"图层特性管理器"按钮，在弹出的"图层特性管理器"对话框中设置图层的名称、线宽、线型和颜色等，如图3-20所示。

图 3-20　图层设置

（2）执行"格式"→"图形界限"命令，依据提示，设定图形界限的左下角为（0，0），右上角为（420 000，297 000）。

（3）在命令行输入ZOOM（Z）→确认（按Enter键或空格键）→A，使输入的图形界限区域全部显示在图形窗口内。

（4）新建名为"建筑"的标注样式，对相应参数进行修改，全局比例为100；"汉字"样式采用"仿宋_GB2312"字体，宽度比例设为0.7；"数字"样式采用"txt.shx"字体，宽度比例设为0.7。其余根据制图规范进行设置。

3. 绘制定位轴线

（1）执行"直线（L）"命令绘制一根长33 000的横线，一根长13 000的竖线（两条水平正交直线）。

（2）执行"偏移（O）"命令将水平轴线依次偏移3 300、3 400、3 300。

执行"偏移（O）"命令将垂直轴线依次偏移3 300、3 600、3 600、3 300、3 300、3 600、3 600、3 300、3 300，结果如图3-21所示。

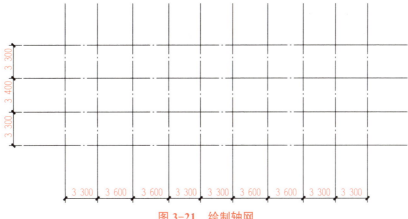

图 3-21　绘制轴网

4．绘制墙线

（1）执行"多线（ML）"命令，设置"对正"为"无（Z）"，"比例"为"240"。

1）选择对正（J），按Enter键；

2）输入对正类型：无（Z），按Enter键；

3）选择比例（S），按Enter键；

4）输入多线比例为240，按Enter键，结果如图3-22所示。

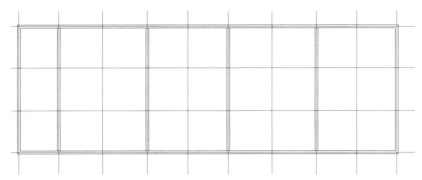

图 3-22　绘制墙线

（2）执行"分解（X）"命令。

（3）将370 mm墙对应的墙线依次偏移130 mm，结果如图3-23所示。

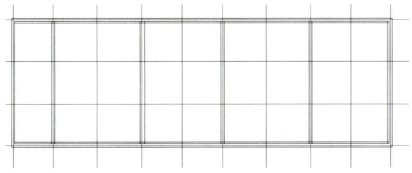

图 3-23　偏移墙线

（4）输入"修剪（TR）"命令，按Enter键两次，可以对墙线进行直接修剪。根据门洞、窗洞的位置，利用"修剪"命令进行修剪，结果如图3-24所示。

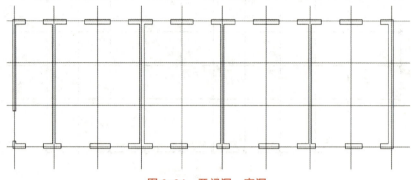

图3-24　开门洞、窗洞

5. 绘制柱截面

（1）绘制3种不同尺寸的柱截面，如图3-25所示。

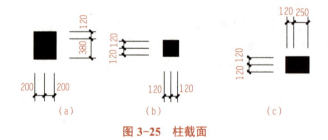

图3-25　柱截面

（2）将3种不同尺寸的柱截面分别插入到对应的位置，结果如图3-26所示。

图3-26　绘制柱截面

6. 绘制门窗

（1）绘制门M-1、M-2和窗C-1、C-2的图形，如图3-27所示。

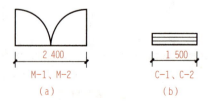

图3-27　门窗图形

（2）将门M-1、M-2和窗C-1、C-2的图形设置为图块，并依次插入到对应的位置，结果如图3-28所示。

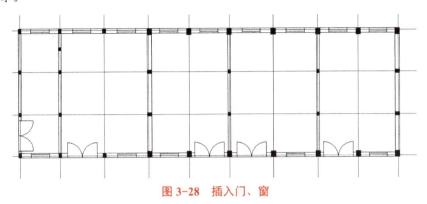

图3-28 插入门、窗

7. 绘制建筑细部构造

（1）绘制楼梯，尺寸如图3-29所示。

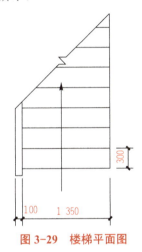

图3-29 楼梯平面图

（2）绘制散水。

1）执行"多段线（PL）"命令，依次选择平面图4个角点，最后输入"C"闭合多段线；

2）执行"偏移（O）"命令将多段线向外偏移1500，并完善图形，结果如图3-30所示。

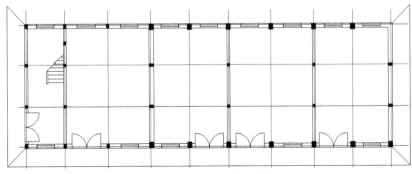

图3-30 绘制楼梯和散水

8.尺寸标注、文字标注

（1）绘制标高符号。

1）绘制标高符号图形，尺寸如图3-31所示。

图3-31　标高符号

2）执行"多行文字"（MT），指定文字的高度为400，输入文字"%%P"（±号的输入方式）并插入到标高符号的正上方。

（2）按照规范对建筑平面图进行尺寸标注和文字标注，尺寸如图3-32所示。

9.完善图形

绘制指北针：

（1）执行"圆（C）"命令，输入直径（D）为2 400。

（2）执行"多段线（PL）"命令，指定多段线起点为圆的下象限点，选择宽度（W），起点宽度输入300，端点宽度输入0，指定多段线端点为圆的上象限点。

（3）执行"多行文字"（MT）命令，指定文字的高度为400，输入文字"北"并插入到指北针的正上方。

（4）将指北针放至建筑平面图合适位置，如图3-33所示。

可扫描二维码观看建筑平面图的绘制视频，完成绘制任务。

绘制一层平面图（上）

绘制一层平面图（下）

四、评价与总结

任务完成后按检查内容先进行小组自查，填写完毕后请教师检查，必要时做解释说明或计算机操作演示（表3-2）。

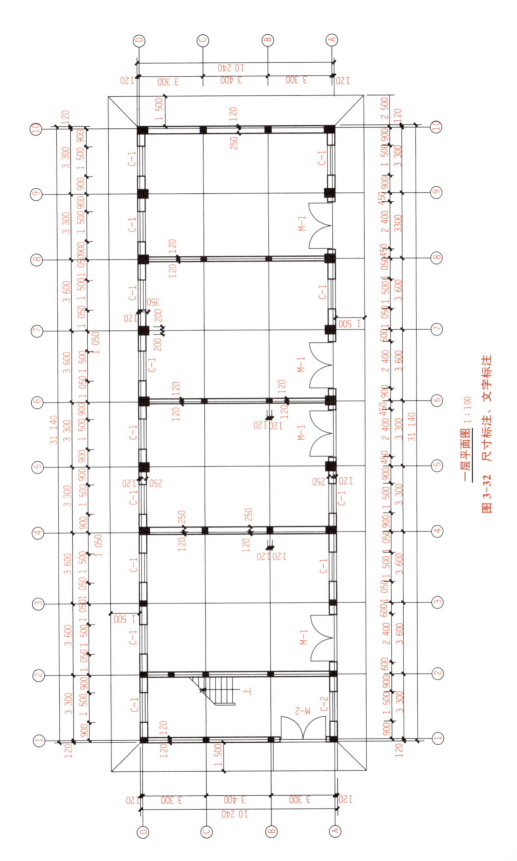

一层平面图 1:100

图3-32 尺寸标注、文字标注

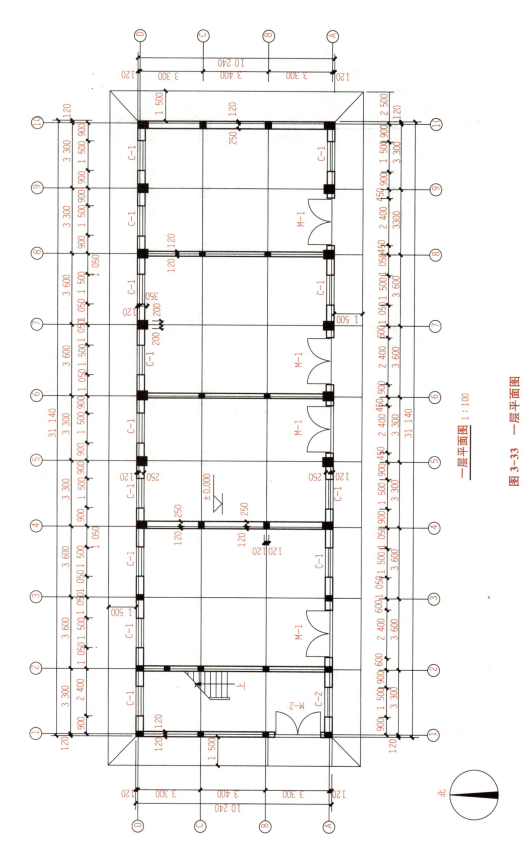

一层平面图 1:100

图 3-33 一层平面图

· 114 ·

表 3-2　评分标准

评价指标	评价内容	分值	自评	组评	师评
线上自学 （20分）	能够自学线上资源	5			
	完成课前自测	5			
	完成课前讨论	5			
	完成课后自测	5			
知识目标 能力目标 完成情况 （60分）	设置绘图环境	5			
	绘制定位轴线	5			
	绘制墙线及柱子	10			
	绘制门窗	10			
	绘制楼梯	10			
	绘制细部（散水）	5			
	文字及尺寸标注	10			
	指北针	5			
素质目标 达成情况 （20分）	制图标准习惯养成	5			
	小组协作、交流表达能力	5			
	自主学习解决问题的能力	5			
	大胆尝试、勇于创新的能力	5			
合计					
总结	1. 描述本任务新学习的内容。 2. 总结在任务实施中遇到的困难及解决措施。 3. 总结本任务学习的收获				

课后任务

一、单选题

1. 在一套完整的建筑工程图纸中应该包括以下类别：建筑平面图、建筑立面图、建筑剖面图和（　　）。

A. 建筑结构图　　　　　　　　　B. 建筑截面图

C. 建筑详图　　　　　　　　　　D. 建筑给水排水图

2.（　　）命令用于绘制多条相互平行的线，每一条的颜色和线型可以相同，也可以不同，此命令常用来绘制建筑工程上的墙线。

A. 直线

B. 多段线

C. 多线

D. 样条曲线

3. 在创建块时，在"块定义"对话框中必须确定的要素为（　　）。

A. 块名、基点、对象

B. 块名、基点、属性

C. 基点、对象、属性

D. 块名、基点、对象、属性

4. 在进行"修剪"操作时，首先要定义修剪边界，如果没有选择任何对象，而是直接按 Enter 键或右键或空格，结果是（　　）。

A. 无法进行下面的操作

B. 系统继续要求选择修剪边界

C. 修剪命令马上结束

D. 所有显示的对象作为潜在的剪切边

5. 建筑总平面图中标注的尺寸以（　　）为单位，一般标注到小数点后（　　）位；其他建筑图样（平、立、剖面）中所标注的尺寸则以（　　）为单位；标高都以（　　）为单位。

A. m、2、cm、m

B. m、2、mm、m

C. cm、3、mm、cm

D. m、3、m、m

二、多选题

1. 关于对外部块，下列描述正确的是（　　）。

A. 用"WBLOCK"命令建立外部块

B. 外部块的文件扩展名为 dwg

C. 外部块插入时也可以缩放或旋转

D. 外部块只能插入到 0 层

2. 使用块的优点是（　　）。

A. 节约绘图时间

B. 建立图形库

C. 方便修改

D. 节约存储空间

任务三　绘制建筑立面图

🔴 **课前准备**

扫描二维码观看建筑立面图（图3-34）的形成过程，回答下列问题。

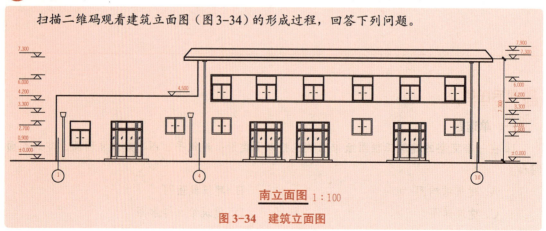

南立面图 1:100

图 3-34　建筑立面图

建筑立面图的形成及绘制过程

引导问题1：建筑物总高（　　）m。

　　A. 7.300　　　　　　　B. 7.500　　　　　　C. 7.800　　　　　　D. 7.900

引导问题2：该立面图上共有（　　）种不同规格的窗。

　　A. 2　　　　　　　　　B. 3　　　　　　　　C. 4　　　　　　　　D. 5

引导问题3：该建筑物共有（　　）层。

　　A. 2　　　　　　　　　B. 3　　　　　　　　C. 4　　　　　　　　D. 5

引导问题4：本项目另外三个建筑立面图应该如何命名？如何进行绘制？

_____

_____

◎知识链接

　　要进行建筑立面图的绘图，首先要掌握建筑立面图的相关基础知识。

■ 一、建筑立面图的形成过程

　　假设在建筑物四周放置4个竖直投影面，即V面、W面、V面的平行面和W面的平行面。建筑物向这4个投影面作正投影所得到的图样，统称为建筑立面图，如图3-35所示。

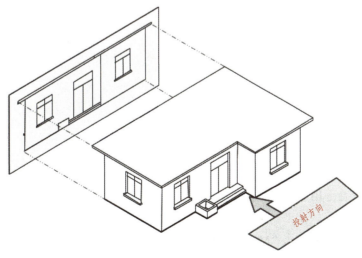

图 3-35　建筑立面图的形成过程

■ 二、文本的输入与编辑

1. 文本样式的创建与设置

命令功能：用来设置文本样式，包括设置字体名称、字体类型、字体高度、高度系数、倾斜角度、方向指示符等。

（1）命令调用方式。

1）命令行：在命令行输入"STYLE"命令。

2）菜单栏：执行"格式"→"文字样式"命令。

3）工具栏：单击"文字"工具栏的"文字样式"按钮▲。

（2）命令说明。

1）"样式名"区域：该区域的功能是新建、删除文字样式或修改样式名称。

2）"字体"区域：该区域主要用于定义文字样式的字体。

3）"效果"区域：该区域用于设定文字的效果。

4）"预览"：文字样式设置好后，单击"预览"按钮，可在文本框显示所设置文字样式的效果，如图3-36所示。

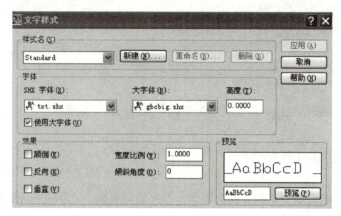

图 3-36 "文字样式"对话框

2. 文本的输入与编辑

（1）单行文字输入。

命令功能：在图中输入一行或多行文字。

命令调用方式：

1）命令行：在命令行输入"DTEXT"命令。

2）菜单栏：执行"绘图"→"文字"→"单行文字"命令。

3）工具栏：单击"文字"工具栏的"单行文字"按钮▲。

（2）多行文字输入。

命令功能：该命令用于在图中输入一段文字。

命令调用方式：

1）命令行：在命令行输入"MTEXT"命令。

2）菜单栏：执行"绘图"→"文字"→"多行文字"命令。

3）工具栏：单击"文字"工具栏的"多行文字"按钮 **AI**。

3．特殊字符输入

（1）利用单行文字命令输入特殊字符。特殊字符的输入代码：上划线%%O，下划线%%U，角度%%D，直径符号Ø%%C，±号%%P，%号%%%。

（2）利用多行文字命令输入特殊字符。可以利用"多行文字编辑器"对话框中的"符号"下拉框，也可以直接输入±、°、Ø等特殊符号。

4．文本编辑

（1）用"DDEDIT"命令编辑文本。

命令功能：可用于修改单行文字、多行文字及属性定义。

命令调用方式：

1）命令行：在命令行输入"DDEDIT"命令。

2）菜单栏：执行"修改"→"对象"→"文字"→"编辑"命令。

3）工具栏：单击"文字"工具栏的"编辑"按钮 **A✓**。

（2）在对象特性窗口编辑文本。

命令功能：用于修改单行文字、多行文字等。

命令调用方式：

1）命令行：在命令行输入"PROPERTIES"命令。

2）菜单栏：执行"修改"→"特性"命令。

任务实施

一、资讯

（1）外轮廓线应该如何绘制？

（2）标高符号应该如何绘制？

二、计划与决策

组员共同识读建筑立面图，进行绘制前的准备，阅读案例，理解并分析所给的资料。根据所学的制图知识和CAD操作基础，讨论并尝试列出绘制提纲，选取合理方案，填在表3-3中。

表3-3　工作计划

序号	内容	绘图准备工作	完成时间
1			
2			

序号	内容	绘图准备工作	完成时间
3			
4			
5			

三、实施

1. 新建并保存文件

（1）启动中望CAD 2014软件，可双击■图标，打开中望CAD 2014软件。

（2）打开新图形文件，执行"文件"→"保存"命令，或单击"保存"按钮■，在弹出的"图形另存为"对话框中输入"文件名"为"建筑立面图"。单击"保存"按钮 保存(S) 后，图形文件被保存为"建筑立面图.dwg"文件。

2. 设置绘图环境

（1）执行"格式"→"图层"命令（LA），或单击"图层"工具栏中的"图层特性管理器"按钮，在弹出的"图层特性管理器"对话框中设置图层的名称、线宽、线型和颜色等，如图3-37所示。

标高	💡	⚙	🔓	94	Continuous	Default
尺寸线及数字	💡	⚙	🔓	94	Continuous	Default
窗套	💡	⚙	🔓	white	Continuous	Default
落水管	💡	⚙	🔓	94	Continuous	Default
门窗图块	💡	⚙	🔓	253	Continuous	Default
墙	💡	⚙	🔓	white	Continuous	0.30 mm
室外地坪	💡	⚙	🔓	white	Continuous	0.70 mm
台阶坡道	💡	⚙	🔓	134	Continuous	Default
挑檐	💡	⚙	🔓	cyan	Continuous	0.30 mm
中文	💡	⚙	🔓	white	Continuous	Default
轴线_点划线	💡	⚙	🔓	red	CENTER	Default
轴线_轴线号和轴圈	💡	⚙	🔓	255	Continuous	Default
柱	💡	⚙	🔓	yellow	Continuous	0.30 mm

图 3-37　图层设置

（2）执行"格式"→"图形界限"命令，依据提示，设定图形界限的左下角为（0，0），右上角为（420 000，297 000）。

（3）在命令行输入ZOOM（Z）→确认（按Enter键或空格键）→A，使输入的图形界限区域全部显示在图形窗口内。

（4）新建名为"建筑"的标注样式，对相应参数进行修改，将全局比例设置为100；"汉字"样式采用"仿宋_GB2312"字体，宽度比例设为0.7；"数字"样式采用"txt.shx"字体，宽度比例设为0.7。其余根据制图规范进行设置。

3. 绘制定位轴线及外轮廓定位线

（1）执行"直线（L）"命令，绘制一根长34 000的横线，一根长10 000的竖线（两条水平正交直线）。

（2）执行"偏移（O）"命令将垂直轴线依次偏移10 500、20 400，将水平轴线依次偏移

4 500、2 800、600，结果如图3-38所示。

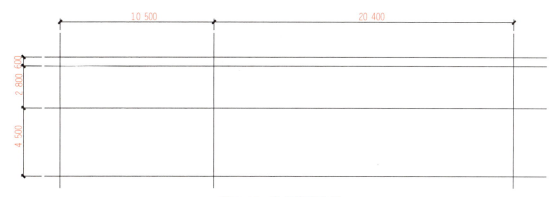

图 3-38　外轮廓定位线

4. 绘制外轮廓线

（1）绘制挑檐，其尺寸如图3-39所示。

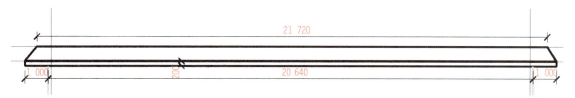

图 3-39　挑檐

（2）绘制墙体和柱的外轮廓线，结果如图3-40所示。

（3）绘制地坪线，结果如图3-41所示。

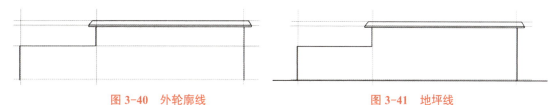

图 3-40　外轮廓线　　　　　　　　　　图 3-41　地坪线

5. 绘制门窗

（1）绘制门窗定位线，尺寸如图3-42所示。

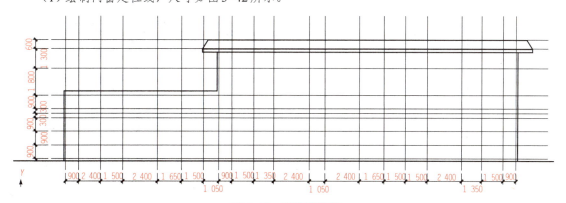

图 3-42　门窗定位线

（2）绘制一层 M-1、C-1、C-2，结果如图 3-43 所示。

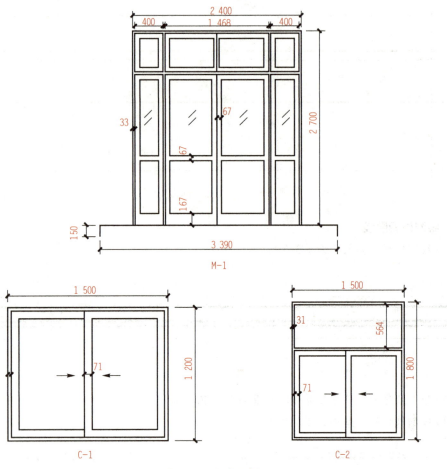

图 3-43　门窗图例

（3）根据定位线，插入一层 M-1，结果如图 3-44 所示。

（4）根据定位线，插入一层 C-1、C-2，结果如图 3-45 所示。

（5）根据定位线，插入二层 C-2，结果如图 3-46 所示。

（6）绘制二层窗套，窗套厚度为 60 mm，结果如图 3-47 所示。

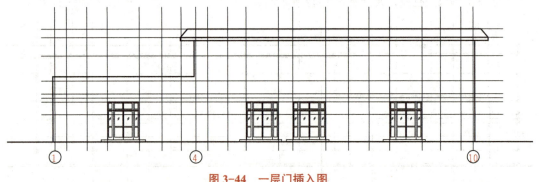

图 3-44　一层门插入图

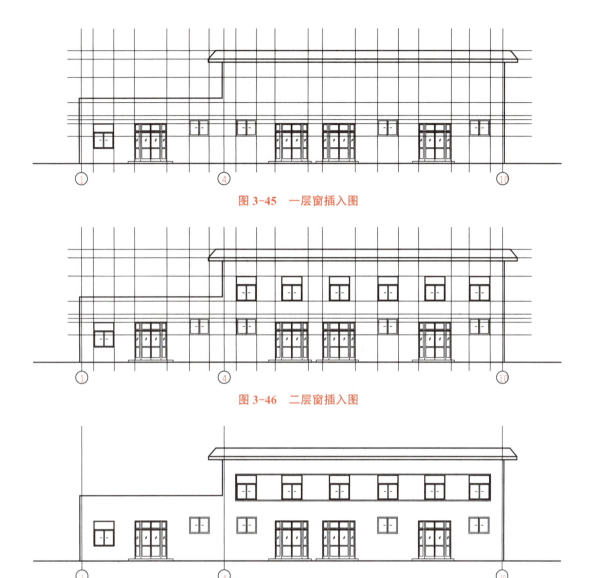

图 3-45　一层窗插入图

图 3-46　二层窗插入图

图 3-47　二层窗套

6. 绘制落水管

（1）绘制两种尺寸的落水管，尺寸如图 3-48 所示。

（2）根据位置插入两种落水管，落水管距离地坪线的高度为 300 mm，结果如图 3-49 所示。

7. 尺寸标注、文字标注

（1）绘制标高符号。

1）绘制标高符号图形，尺寸如图 3-50 所示。

2）执行"多行文字"（MT）命令，指定文字的高度为 400，输入文字"%%P"（±号的输入方式）并插入到标高符号的正上方。

（2）按照规范对建筑立面图进行尺寸标注和文字标注，尺寸如图 3-34 所示。

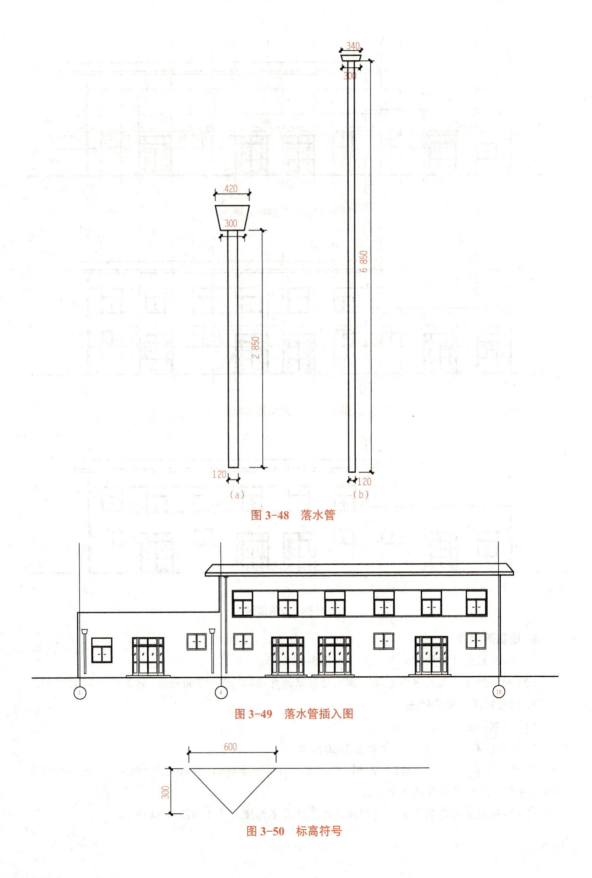

图 3-48　落水管

图 3-49　落水管插入图

图 3-50　标高符号

可以扫描二维码观看建筑立面图的绘制视频，完成绘制任务。

绘制南立面图

四、评价与总结

任务完成后按检查内容先进行小组自查，填写完毕后请教师检查，必要时做解释说明或计算机操作演示（表3-4）。

表3-4　评分标准

评价指标	评价内容	分值	自评	组评	师评
线上自学 （20分）	能够自学线上资源	5			
	完成课前自测	5			
	完成课前讨论	5			
	完成课后自测	5			
知识目标 能力目标 完成情况 （60分）	设置绘图环境	5			
	绘制定位轴线及外轮廓定位线	15			
	绘制外轮廓线	15			
	绘制门窗	15			
	绘制落水管	5			
	文字及尺寸标注	5			
素质目标 达成情况 （20分）	制图标准习惯养成	5			
	小组协作、交流表达能力	5			
	自主学习解决问题的能力	5			
	大胆尝试、勇于创新的能力	5			
	合　计				
总结	1. 描述本任务新学习的内容。 2. 总结在任务实施中遇到的困难及解决措施。 3. 总结本任务学习的收获				

一、单选题

1. 建筑立面图中作为轴线的构造线，无论怎样缩放，都体现不出该对象为点画划线，造成这种现象的原因是（   ）。

    A. 构造线不能够设置线型，改为直线即可

    B. 对象的线型只有在图层中设置才有效

    C. 全局线型比例因子太大或太小

    D. 着色模式改为"二维线框"

2. 关于标高标注，下列说法错误的是（   ）。

    A. 标高是标注建筑物高度的一种尺寸标注形式

    B. 标高包括相对标高和绝对标高两种

    C. 建筑物底层地坪高度是相对标高的零点

    D. 标高数字一般保留四位小数

3. 建筑施工图上的尺寸单位，除标高以（   ）为单位外，其他必须以（   ）为单位。

    A. m mm   B. mm m   C. dm mm、   D. mm dm

4. 在对建筑图纸标注文字说明时，M200和C200分别表示（   ）。

    A. 宽度为200单位的门，宽度为200单位的窗

    B. 高度为200单位的门，高度为200单位的窗

    C. 编号为200单位的门，编号为200单位的窗

    D. 由用户自己定义的图例，可以表示任意建筑构件

5. 建筑平面图、立面图和剖面图的比例不能低于（   ）。

    A. 1∶50   B. 1∶100   C. 1∶200   D. 1∶500

二、多选题

1. 建筑工程制图中常用的投影图有（   ）。

    A. 透视投影图   B. 轴测投影图   C. 多面正投影图   D. 圆锥投影图

2. 建筑工程施工图按照专业分工的不同，可分为（   ）。

    A. 建筑施工图   B. 结构施工图   C. 设备施工图   D. 水电施工图

任务四　绘制建筑剖面图

课前准备

扫描二维码观看建筑剖面图（图3-51）的形成过程，回答下列问题。

引导问题1： 二楼的楼面高度为多少（   ）m。

    A. 2.700   B. 3.100   C. 3.300   D. 6.300

引导问题2：图中共有（　　）跑楼梯。

　　A. 2　　　　　　　　B. 3　　　　　　　　C. 4　　　　　　　　D. 5

引导问题3：图中外墙的厚度为（　　）mm。

　　A. 180　　　　　　　B. 240　　　　　　　C. 370　　　　　　　D. 400

引导问题4：本项目另外三个建筑立面图应该如何命名？如何进行绘制？

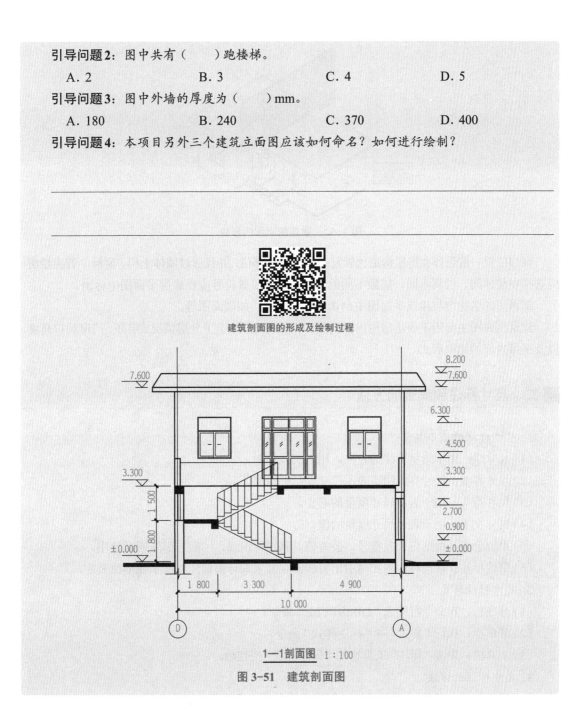

建筑剖面图的形成及绘制过程

1—1剖面图　1:100

图 3-51　建筑剖面图

⊙ 知识链接

要进行建筑立面图的绘图，首先要掌握建筑平面图的相关基础知识。

■ 一、建筑剖面图图示方法和用途

假想用一铅垂面将房屋剖切开后，移去靠近观察者的部分，对剩余部分所做的正投影图称为建筑剖面图，如图3-52所示。

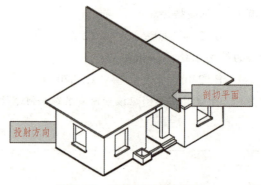

图 3-52　建筑剖面图的形成

剖切位置一般选择在房屋构造比较复杂和典型的部位，并且通过墙体上门、窗洞。若为楼房，应选择在楼梯间、层高不同、层数不同的部位，剖切位置符号应在底层平面图中标出。

剖面图的名称应与建筑平面图中剖切编号相一致，如剖面图等。

建筑剖面图主要用于表达房屋内部高度方向构件布置、上下分层情况、层高、门窗洞口高度，以及房屋内部的结构形式。

二、尺寸标注和编辑的方法

1. 尺寸标注的基本要素

（1）尺寸线：用于指示标注的方向，用细实线绘制。

（2）尺寸界线：尺寸界线用于表示尺寸度量的范围。

（3）尺寸箭头：用于表示尺寸度量的起止。

（4）尺寸文本：用于表示尺寸度量的值。

（5）形位公差：由形位公差符号、公差值、基准等组成，一般与引线同时使用。

（6）引线标注：从被标注的实体引出直线，在其末端可添加注释文字或形位公差。

2. 尺寸标注样式

（1）命令行：在命令行输入"DIMSTYLE"命令。

（2）菜单栏：执行"格式"→"标注样式"命令。

（3）工具栏：单击"标注"工具栏的"标注样式"按钮 。

3. 尺寸标注的方法

（1）线性标注。线性标注命令可以创建水平尺寸、垂直尺寸标注。

1）命令行：在命令行输入"DIMLINEAR"命令。

2）菜单栏：执行"标注"→"线性"命令。

3）工具栏：单击"标注"工具栏的"线性"按钮 。

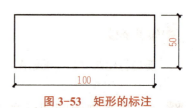

图 3-53　矩形的标注

【例 3-1】标注如图 3-53 所示的矩形尺寸。

1）设置"建筑"标注样式为当前尺寸标注样式。

2）标注水平尺寸。

单击"标注"工具栏中的"线性"按钮，命令行提示如下：

命令：_DIMLINEAR

指定第一条尺寸界线原点或<选择对象>：//捕捉矩形的左下角点

指定第二条尺寸界线原点：//捕捉矩形的右下角点

指定尺寸线位置或

[多行文字(M)/文字(T)/角度(A)/水平(H)/垂直(V)/旋转(R)]：

//在适当位置单击确定尺寸线的位置

标注文字=100//显示标注尺寸值

3）标注垂直尺寸。

命令：//按Enter键，输入上一次线性标注命令

DIMLINEAR

指定第一条尺寸界线原点或<选择对象>：//捕捉矩形的右下角点

指定第二条尺寸界线原点：//捕捉矩形的右上角点

指定尺寸线位置或

[多行文字(M)/文字(T)/角度(A)/水平(H)/垂直(V)/旋转(R)]：

//在适当位置单击确定尺寸线的位置

标注文字=50//显示标注尺寸值

（2）对齐标注。

对齐标注命令的尺寸线与被标注对象的边保持平行。

1）命令行：在命令行输入"DIMALIGNED"命令。

2）菜单栏：执行"标注"→"对齐"命令。

3）工具栏：单击"标注"工具栏的"对齐"按钮 。

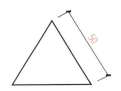

图3-54　三角形的标注

【例3-2】标注如图3-54所示的边长为50的等边三角形的斜边。

1）设置"建筑"标注样式为当前尺寸标注样式。

2）单击"标注"工具栏中的"对齐"按钮，命令行提示如下：

命令：_DIMALIGNED

指定第一条尺寸界线原点或<选择对象>：//捕捉三角形的右下端点

指定第二条尺寸界线原点：//捕捉三角形的上端点

指定尺寸线位置或

[多行文字(M)/文字(T)/角度(A)]：//在适当位置单击

标注文字=50//显示尺寸标注的值

（3）基线标注。使用基线标注命令可以创建一系列由相同的标注原点测量出来的标注。各个尺寸标注具有相同的第一条尺寸界线。"基线标注"命令在使用前，必须先创建一个线性标注、角度标注或坐标标注作为基准标注，然后输入"DBA"命令，选择基线后，连续选择需要标注的端点。

1）命令行：在命令行输入"DIMBASELINE"命令。

2）菜单栏：执行"标注"→"基线"命令。

3）工具栏：单击"标注"工具栏的"基线"按钮 □。

（4）连续标注。连续标注命令可以创建一系列端对端的尺寸标注，后一个尺寸标注把前一个尺寸标注的第二个尺寸界线作为它的第一个尺寸界线。与基线标注命令一样，连续标注命令在使用前，也得先创建一个线性标注、角度标注或坐标标注作为基准标注，然后输入"DCO"命令，选择基线后，连续选择需要标注的端点。

1）命令行：在命令行输入"DIMBASELINE"命令。

2）菜单栏：执行"标注"→"连续"命令。

3）工具栏：单击"标注"工具栏的"连续"按钮 □。

（5）直径尺寸标注。

1）命令行：在命令行输入"DIMDIAMETER"命令。

2）菜单栏：执行"标注"→"直径"命令。

3）工具栏：单出"标注"工具栏的"直径"按钮 ◎。

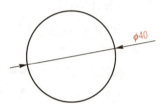

图3-55　圆形的直径标注

【例3-3】标注如图3-55所示的圆的直径。

1）设置系统默认的"ISO-25"标注样式为当前尺寸标注样式。

2）单击"标注"工具栏中的"直径"按钮，命令行提示如下：

```
命令：_DIMDIAMETER
选择圆弧或圆：//选择圆
标注文字=40
指定尺寸线位置或［多行文字（M）/文字（T）/角度（A）］：//在适当位置单击
```

（6）半径尺寸标注。

1）命令行：在命令行输入"DIMRADIUS"命令。

2）菜单栏：执行"标注"→"半径"命令。

3）工具栏：单击"标注"工具栏的"半径"按钮 ◎。

图3-56　圆形的半径标注

【例3-4】标注如图3-56所示的圆的半径。

1）设置系统默认的"ISO-25"标注样式为当前尺寸标注样式。

2）单击"标注"工具栏的"半径"命令按钮，命令行提示如下：

```
命令：_DIMRADIUS
选择圆弧或圆：//选择圆
标注文字=25
指定尺寸线位置或［多行文字（M）/文字（T）/角度（A）］：//在适当位置单击
```

（7）角度尺寸标注。

1）命令行：在命令行输入"DIMANGULAR"命令。

2）菜单栏：执行"标注"→"角度"命令。

3）工具栏：单击"标注"工具栏的"角度"按钮 △。

（8）引线标注。

1）命令行：在命令行输入"QLEADER"命令。

2）菜单栏：执行"标注"→"引线"命令。

3）工具栏：单击"标注"工具栏的"引线"按钮 。

（9）快速尺寸标注：可快速创建一系列标注。

4. 尺寸标注编辑

用"DIMEDIT"命令编辑标注：可以编辑标注文字的内容或设置文字的旋转和倾斜角度，此命令的选项被分解成了菜单中的几个单独命令，如倾斜、对齐文字。

用"DDEDIT"命令编辑标注文字：可编辑标注的文字或其他文字。

用"DIMTEDIT"命令编辑尺寸标注：可更改或恢复标注文字的位置、对正方式和角度，也可使用它更改尺寸线的位置。

任务实施

一、资讯

（1）楼梯应该如何快速绘制？

（2）剖面图种哪些线型为粗实线，哪些线型为细实线？

二、计划与决策

组员共同识读建筑剖面图，进行绘制前的准备，阅读案例，理解并分析所给的资料。根据所学的制图知识和CAD操作基础，讨论并尝试列出绘制提纲，选取合理方案，填在表3-5中。

表3-5 工作计划

序号	内容	绘图准备工作	完成时间
1			
2			
3			
4			
5			

三、实施

1. 新建并保存文件

（1）启动中望CAD 2014软件，双击 图标，打开中望CAD 2014软件。

（2）打开新图形文件，执行"文件"→"保存"命令，或单击"保存"按钮 ，在弹出的"图形另存为"对话框中输入"文件名"为"建筑剖面图"。单击"保存"按钮 保存⑤ 后，图形文件被保存为"建筑剖面图.dwg"文件。

2. 设置绘图环境

（1）执行"格式"→"图层"命令（LA），或单击"图层"工具栏的"图层特性管理器"按钮，在弹出的"图层特性管理器"对话框中设置图层的名称、线宽、线型和颜色等，如图3-57所示。

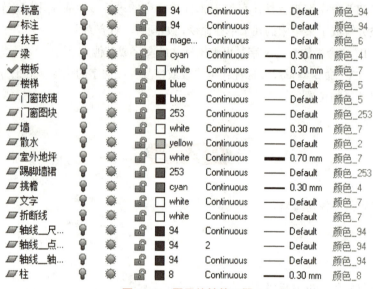

图 3-57　图层特性管理器

（2）执行"格式"→"图形界限"命令，依据提示，设定图形界限的左下角为（0，0），右上角为（420 000，297 000）。

（3）在命令行输入ZOOM（Z）→确认（按Enter键或空格键）→A，使输入的图形界限区域全部显示在图形窗口内。

（4）新建名为"建筑"的标注样式，对相应参数进行修改，全局比例为100；"汉字"样式采用"仿宋_GB2312"字体，宽度比例设为0.7；"数字"样式采用"txt.shx"字体，宽度比例设为0.7。其余根据制图规范进行设置。

3. 绘制定位轴线及外轮廓定位线

（1）执行"直线（L）"命令绘制一根长13 000的横线，一根长11 000的竖线（两条水平正交直线）。

（2）执行"偏移（O）"命令将水平轴线依次偏移1 800、900、600、1 200、1 800、1 300、600。执行"偏移（O）"命令将垂直轴线偏移10 000，结果如图3-58所示。

4. 绘制外轮廓线

（1）绘制挑檐，尺寸如图3-59所示。

（2）绘制墙体和柱的外轮廓线，外墙的厚度为370 mm，结果如图3-60所示。

（3）绘制地坪线，结果如图3-61所示。

5. 绘制楼板

（1）绘制楼板定位线，尺寸如图3-62所示。

（2）绘制二楼楼板和休息平台，楼板厚度为100 mm，结果如图3-63所示。

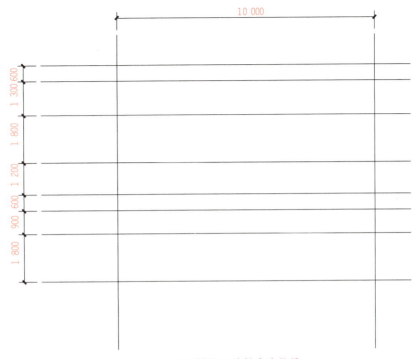

图 3-58 定位轴线和外轮廓定位线

图 3-59 挑檐

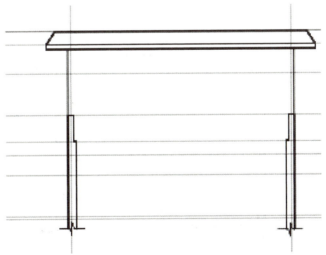

图 3-60 外轮廓线

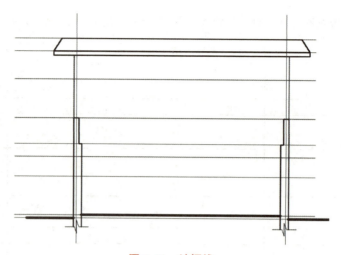

图 3-61　地坪线

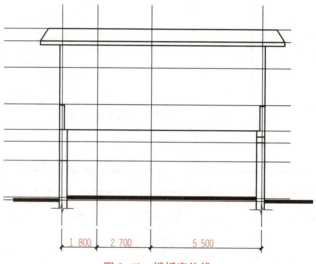

1 800　2 700　　　5 500

图 3-62　楼板定位线

图 3-63　二层楼板和休息平台

（3）对二楼楼板进行图案填充，执行"多段线（PL）"命令，弹出"图案填充和渐变色"对话框，如图3-64所示，图案选择"SOLID"，结果如图3-65所示。

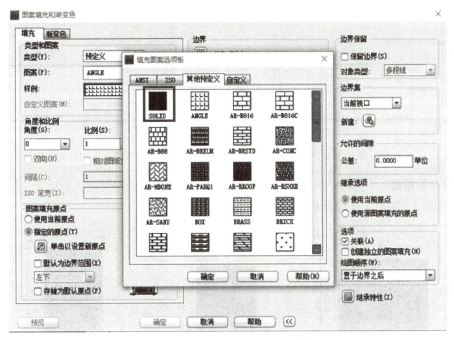

图 3-64　"图案填充和渐变色"对话框

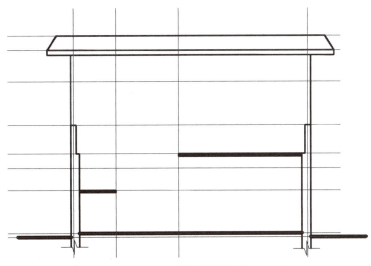

图 3-65　楼板图案填充

6.绘制楼梯

（1）绘制梯段，台阶的高度为150 mm，宽度为300 mm，并插入对应位置，结果如图3-66所示。

（2）绘制扶手，扶手高度为1 150 mm，结果如图3-67所示。

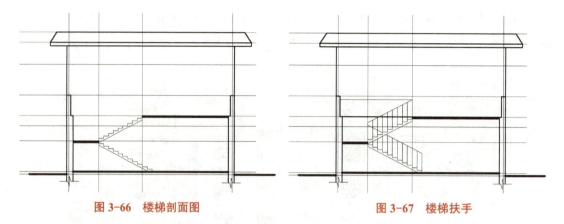

图 3-66　楼梯剖面图　　　　　　　　　　　图 3-67　楼梯扶手

7. 绘制梁截面

（1）绘制 3 种不同尺寸的梁截面，如图 3-68 所示。

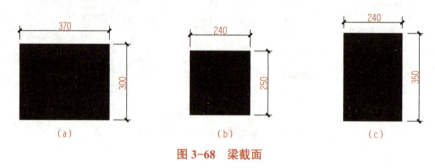

（a）　　　　　　　　　（b）　　　　　　　　　（c）

图 3-68　梁截面

（2）将 3 种不同尺寸的梁截面分别插入到对应的位置，结果如图 3-69 所示。

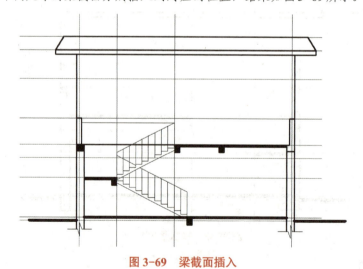

图 3-69　梁截面插入

8. 绘制门窗

（1）绘制外墙窗定位线，结果如图 3-70 所示。

（2）绘制外墙窗图例，结果如图 3-71 所示。

（3）绘制二层门窗定位线，结果如图 3-72 所示。

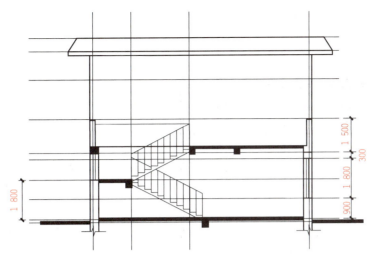

图 3-70　外墙窗定位线

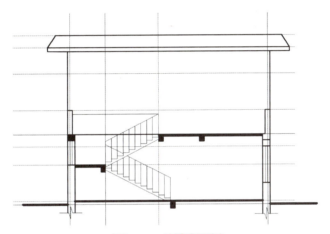

图 3-71　外墙窗图例

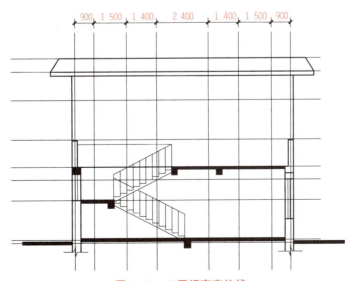

图 3-72　二层门窗定位线

（4）绘制二层M-1、C-2，结果如图3-73所示。

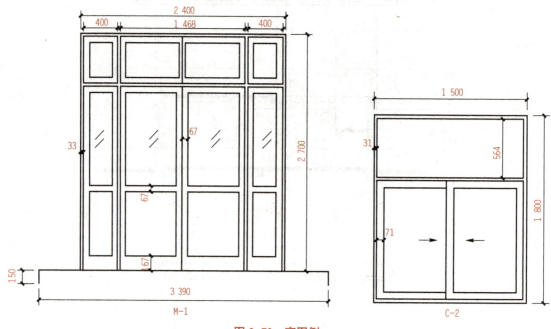

图 3-73　窗图例

（5）根据定位线，插入二层M-1和C-2，结果如图3-74所示。

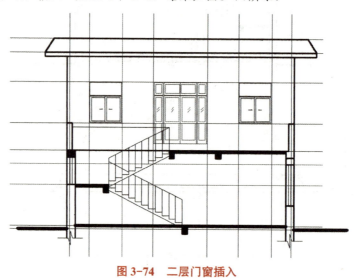

图 3-74　二层门窗插入

9. 绘制散水

散水的宽度为1 500 mm，坡度为1∶10，绘制结果如图3-75所示。

10. 尺寸标注、文字标注

（1）绘制标高符号。

1）绘制标高符号图形，尺寸如图3-76所示。

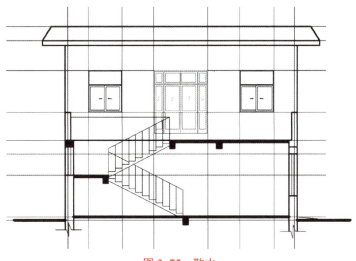

图 3-75　散水

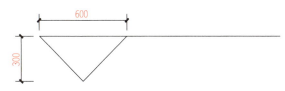

图 3-76　标高符号

2）执行"多行文字"（MT），指定文字的高度为400，输入文字"%%P"（±号的输入方式）并插入到标高符号的正上方。

（2）按照规范对建筑立面图进行尺寸标注和文字标注，并删除多余的线型，尺寸如图3-51所示。

可以扫描二维码观看建筑剖面图的绘制视频，完成绘制任务。

绘制建筑剖面图

四、评价与总结

任务完成后按检查内容先进行小组自查，填写完毕后请教师检查，必要时做解释说明或计算机操作演示（表3-6）。

表 3-6　评分标准

评价指标	评价内容	分值	自评	组评	师评
线上自学 （20分）	能够自学线上资源	5			
	完成课前自测	5			
	完成课前讨论	5			
	完成课后自测	5			

评价指标	评价内容	分值	自评	组评	师评
知识目标 能力目标 完成情况 （60分）	设置绘图环境	5			
	绘制定位轴线及外轮廓定位线	15			
	绘制楼板	10			
	绘制楼梯	10			
	绘制梁截面	5			
	绘制门窗	5			
	绘制散水	5			
	文字及尺寸标注	5			
素质目标 达成情况 （20分）	制图标准习惯养成	5			
	小组协作、交流表达能力	5			
	自主学习解决问题的能力	5			
	大胆尝试、勇于创新的能力	5			
合计					
总结	1. 描述本任务新学习的内容。 2. 总结在任务实施中遇到的困难及解决措施。 3. 总结本任务学习的收获				

🖊 课后任务

一、单选题

1. 建施中剖面图的剖切符号应标注在（　　）。

　A. 底层平面图中　　　　　　　　　　B. 二层平面图中

　C. 顶层平面图中　　　　　　　　　　D. 中间层平面图中

2. 楼梯中间层平面图的剖切位置，是在该层（　　）的任意位置处，各层被切的梯段用一根45°的折断线表示。

　A. 往上走的第一梯段（休息平台下）　B. 往上走的第二梯段（休息平台上）

　C. 建筑平面图　　　　　　　　　　　D. 建筑剖面图

3. 建筑剖面图及其详图中注写的标高为（　　）。

　A. 建筑标高　　　　B. 室内标高　　　　C. 结构标高　　　　D. 室外标高

4．关于标高，下列的说法错误的是（　　　　）。

    A．负标高应注"—"

    B．正标高应注"＋"

    C．正标高不注"＋"

    D．零标高应注"±"

    E．由用户自己定义的图例，可以表示任意建筑构件

5．（　　　　）能表明建筑物的结构形式、高度及内部布置情况。

    A．立面图　　　　　　B．平面图　　　　　　C．剖面图　　　　　　D．总平面图

二、多选题

1．建筑剖面图应标注（　　　　）等内容。

    A．门窗洞口高度

    B．层间高度

    C．建筑总高度

    D．楼板与梁的断面高度

    E．室内门窗洞口的高度

2．建筑剖面图的剖切位置通常应选择在（　　　　）。

    A．卫生间　　　　　　B．楼梯间　　　　　　C．厨房间　　　　　　D．门窗洞口

任务五　综合实训项目

一、项目背景

项目地址：无锡市某社区卫生服务中心门诊楼。

设计单位：无锡某装饰设计有限公司。

项目介绍：本项目建于无锡市，建筑面积为 220.23 m^2，建筑物总高为 11.000 m，耐久年限为 50 年，耐火等级为二级。已搜集了本项目建筑施工图纸，将利用中望 CAD 软件完成建筑一层平面图、建筑立面图和建筑 1-1 剖面图的绘制。

二、学有所获

本实训任务分为两个阶段，首先运用本项目学习到的建筑制图相关专业知识，仔细识读建筑施工图纸。第二阶段运用中望 CAD 绘制建筑平面图（图 3-77）、建筑立面图（图 3-78）以及建筑剖面图（图 3-79）。

三、实训任务

（1）绘制一层平面图（图 3-77）。

（2）绘制①～⑥轴立面图（图 3-78）。

（3）绘制 1-1 剖面图（图 3-79）。

四、实训要求

（1）了解绘制规范及要求：需要熟悉建筑施工图的绘制规范及要求，包括图纸的幅面、比例、字体、线型、尺寸标注等方面的规定。

（2）掌握建筑施工图的绘制方法：需要掌握建筑施工图中各种建筑元素如墙体、门窗、楼梯等的绘制方法，并能准确绘制建筑平面图、立面图、剖面图及细部图等。

（3）提高绘图效率：需要学会使用图块、图层等技术来提高绘图效率，并能够合理安排绘图步骤和流程，确保绘图的准确性和高效性。

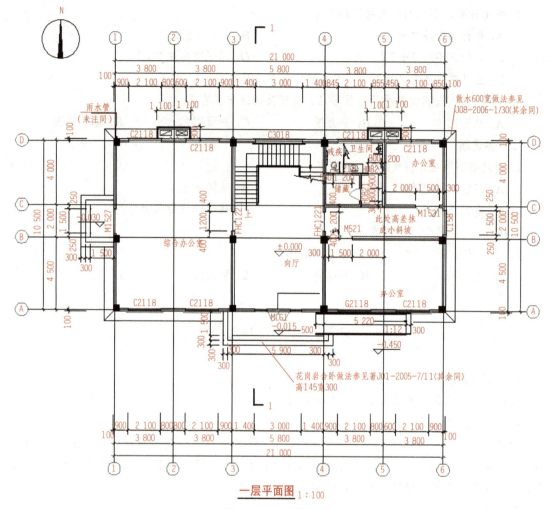

一层平面图 1:100

图 3-77 建筑平面图

①~⑥轴立面图 1:100

注：1. 外墙材料颜色可根据实际材料色卡选用.

图 3-78 建筑立面图

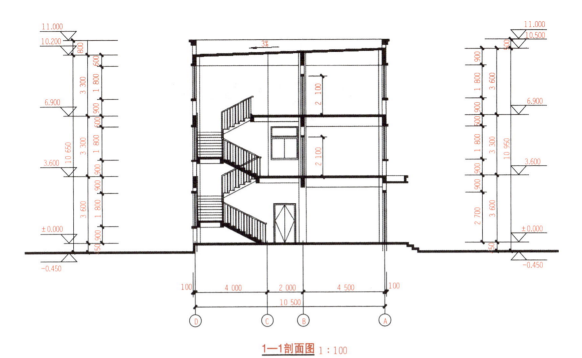

1—1剖面图 1:100

图 3-79　建筑剖面图

项目四　绘制住宅室内装饰施工图

项目背景

项目地址：无锡惠山区某小区。

设计单位：无锡某装饰工程设计有限公司。

项目介绍：本项目为1室2厅1卫1厨小户型住宅，套内面积为69.23 m²，已经收集了项目相关素材和效果图资料，如图4-1、图4-2所示，利用中望CAD 2014软件完成住宅室内装饰施工图的绘制。

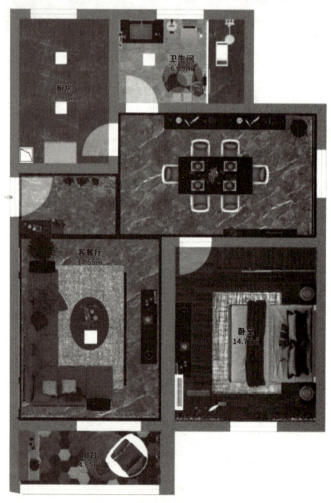

图4-1　项目原始户型图

卧室

客厅

厨房

客厅

阳台

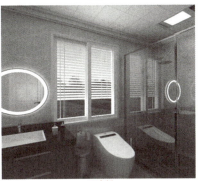
卫生间

图 4-2　项目效果图

学有所获

1. 知识目标

（1）理解图层、图形界限的概念；

（2）理解多线编辑的方法；

（3）熟悉并区分内部块、外部块和属性块；

（4）熟悉尺寸标注的标准规范。

2. 能力目标

（1）会根据图纸尺寸定制图形界限，设置绘图环境；

（2）能选择合适的方法绘制定位轴线；

（3）会使用多线命令绘制和编辑墙体；

（4）能运用合适的方法插入门窗和家具，增强图的美感；

（5）会进行尺寸标注。

3.素质目标

（1）养成制图标准习惯：严格按照国家制图规范绘制相关图纸；

（2）强化团队协作意识：建立学习共同体，共同交流中达成目标；

（3）培养精益求精态度：准确使用绘图命令，灵活运用绘图技巧。

▌▌实训任务

任务一　绘制住宅原始平面图

任务二　绘制住宅平面布置图

任务三　绘制住宅地面铺装图

任务四　绘制住宅顶棚布置图

任务五　绘制住宅剖立面图

任务六　综合实训项目

任务一　绘制住宅原始平面图

◉ 课前准备

请扫描二维码观看住宅平面图生成的视频，回答下列问题。

住宅平面图绘制流程

引导问题1：住宅空间平面图CAD绘制流程是什么？

_____

_____

引导问题2：平面图绘制流程是否是固定不变的？

_____

_____

在进行室内装修施工之前，设计师需要将户型结构、空间关系、房间尺寸等用图纸表达出来，即需要绘制原始建筑平面图。要绘制住宅原始平面图，首先要设置绘图环境，绘制定位轴线，编辑墙体并开门、窗洞口。

一、多线（MLINE）

1. 设置多线方法

（1）命令行：在命令行输入"ML"命令。

（2）菜单栏：执行"绘图"→"多线"命令。

2. "多线"绘制

执行"ML"命令后，命令行出现以下信息：

当前设置：对正=无，比例=20，样式=STANDARD

指定起点或［对正（J）/比例（S）/样式（ST）］：

以上各选项内容的功能和含义如下。

（1）对正（J）：该选项是用来确定所绘多线的方式，选择该项后提示：

输入对正类型［上（T）/无（Z）/下（B）］：

上（T）：表示当从左向右绘制多线时，多线最顶端的线随光标移动。

无（Z）：表示当从左向右绘制多线时，多线的中点线随光标移动。

下（B）：表示当从左向右绘制多线时，多线最底端的线随光标移动。

（2）比例（S）：该选项用来确定所绘多线时的比例系数，其比例为240时，就是顶端线到底端线之间的距离。

（3）样式（ST）：该选项用来确定所用线型的样式，默认样式名为"STANDARD"，输入ST按Enter键后，提示："输入样式名或［？］："。

技巧提示：如未记住样式名，可输入"？"，系统将列出所有已设置的多线样式的列表。

3. 编辑多线

（1）命令行：在命令行输入"MLEDIT"命令。

（2）菜单栏：执行"修改"→"对象"→"多线"命令。

多线编辑工具如图4-3所示。

图4-3　多线编辑工具

二、多线样式

1.设置多线样式方法

（1）命令行：在命令行输入"MLSTYLE"命令。

（2）菜单栏：执行"格式"→"多线样式"命令。

2."多线样式"命令选项

执行操作后弹出"多线样式"对话框，可以完成以下操作：创建多线样式，定义多线样式选项，显示样式的名称，对多线样式进行加载、保存、重命名及修改样式说明等操作，如图4-4所示。

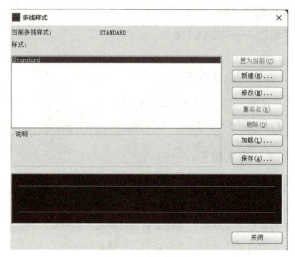

图4-4　多线样式

任务实施

一、资讯

（1）轴线偏移不出来是什么原因？

（2）墙体线无法修剪怎么办？

二、计划与决策

组员共同识读图纸，如图4-5所示，讨论并制订绘制住宅原始平面图的步骤，填在表4-1中。

表4-1　工作计划

序号	内容	绘图准备工作	完成时间
1			
2			

序号	内容	绘图准备工作	完成时间
3			
4			
5			

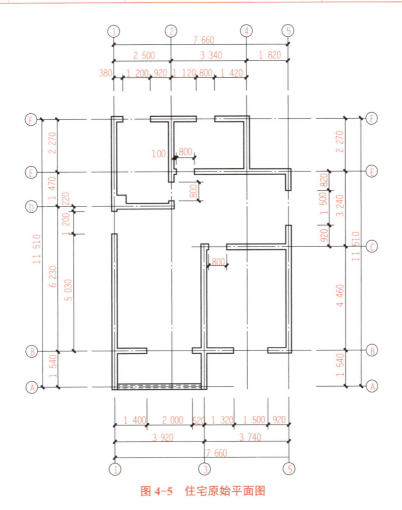

图 4-5　住宅原始平面图

三、实施

要进行住宅平面图绘图，首先要设置绘图环境，绘制轴线，编辑墙体并开门、窗洞口。

1. 新建并保存文件

启动中望 CAD 2014 软件，打开新图形文件，执行"文件"→"保存"命令，或单击"保存"按钮，在弹出的"图形另存为"对话框中输入"文件名"为"住宅室内装饰施工图"。单击"保存"按钮 保存(S) 后，图形文件被保存为"住宅室内装饰施工图.dwg"文件。

2. 设置绘图环境及区域

（1）执行"工具"→"选项"命令，打开"显示"选项卡，设置"十字光标大小"和"颜色"，如图 4-6 所示。常用绘图环境颜色为黑底白线。打开"用户系统配置"选项卡，根据个人绘图习惯和需要，设置"自定义右键单击"，设置完成后单击"确定"按钮 确定 即可。

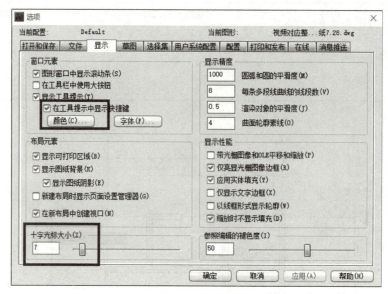

图4-6 "选项"设置

（2）执行"格式"→"图形界限"命令，依据提示，设定图形界限的左下角为（0，0），右上角为（42 000，29 700）。

（3）在命令行输入ZOOM（Z）→确认（按Enter键或空格键）→A，使输入的图形界限区域全部显示在图形窗口内。

3.设置图层

（1）执行"格式"→"图层"命令（LA），或单击"图层"工具栏中的"图层特性管理器"按钮🔲，在弹出的"图层特性管理器"对话框中设置图层的名称、线宽、线型和颜色等，如图4-7所示。

图4-7 "图层"设置

4. 绘制定位轴线

（1）执行"直线（L）"命令绘制一根长10 000的横线，一根长13 000的竖线（两条水平正交直线）。

（2）执行"偏移（O）"命令将轴线依次偏移1 540、4 460、1 770、1 470、2 270。

执行"偏移（O）"命令将①轴线依次偏移2 500、3 340、1 820，再次偏移3 920，结果如图4-8所示。

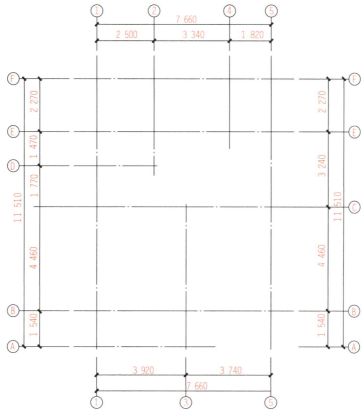

图 4-8　轴网绘制

5. 绘制墙线

执行"多线（ML）"命令，设置"对正"为"无（Z）"，"比例"为"240"。

（1）选择对正（J），按Enter键；

（2）输入对正类型：无（Z），按Enter键；

（3）选择比例（S），按Enter键；

（4）输入多线比例为240，按Enter键，结果如图4-9所示。

6. 修整墙线

（1）执行"分解（X）"命令，输入"修剪（TR）"命令，按Enter键两次，可以对墙线进行直接修剪。

（2）开门洞、窗洞。

1）偏移轴线至指定位置；

2）利用"修剪"命令进行修剪，结果如图4-10所示。

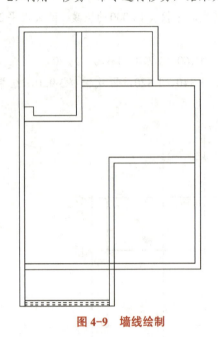

图 4-9　墙线绘制

图 4-10　修剪墙线

7. 扫描二维码观看操作视频

绘图环境设置

轴线和墙体的绘制

四、评价与总结

任务完成后进行自我评价和小组评价并认真书写任务总结，最后交由教师评价（表4-2）。

表4-2　评分标准

评价指标	评价内容	分值	自评	组评	师评
线上自学 （20分）	能够自学线上资源	5			
	完成课前自测	5			
	完成课前讨论	5			
	完成课后自测	5			
知识目标 能力目标 完成情况 （60分）	新建并保存文件	5			
	设置绘图区域及单位	5			
	设置图层	10			
	绘制定位轴线	10			
	绘制墙线	15			
	修剪墙线	15			

评价指标	评价内容	分值	自评	组评	师评
素质目标 达成情况 （20分）	制图标准习惯养成	5			
	小组协作、交流表达能力	5			
	自主学习解决问题的能力	5			
	大胆尝试、勇于创新的能力	5			
	合计				
总结	1．描述本任务新学习的内容。 2．总结在任务实施中遇到的困难及解决措施。 3．总结本任务学习的收获				

课后任务

一、判断题

1．多线是一个整体，可以将其作为一个整体编辑，对其特征可用MLEDIT命令编辑。　　　　　（　　）

2．加锁后的图层，该层上物体无法编辑，但可以在该层画图形。　　　　　（　　）

二、单选题

1．M0923表示（　　）。

A．门高900、宽2 300　　　　　B．门宽900、高2 300

C．窗高900、宽2 300　　　　　D．窗宽900、高2 300

2．在下列选项中，不能进行圆角的对象是（　　）。

A．直线　　　　　B．多线

C．圆弧　　　　　D．椭圆弧

3．设置图形界限可以使用（　　）命令，显示图形界限可以使用（　　）命令。

A．LIMITS、ZOOM/A　　　　　B．OPTIONS、ZOOM/E

C．LIMITS、ZOOM/E　　　　　D．OPTIONS、ZOOM/A

任务二　绘制住宅平面布置图

　　请扫描二维码观看住宅空间室内全景效果图，重点观察室内家具的布置并回答下列问题。

引导问题1：仔细观察门的朝向和家具的布置有何特别之处？

_____

_____

住宅空间全景
效果图

引导问题2：如果门窗和家具逐一绘制会用很长时间，有没有更快捷的方法？

_____

_____

_____

◉ **知识链接**

■ 一、图块定义

　　无论在建筑工程图中还是在建筑装饰施工图中，都有许多图例、图形可以作为基础图形进行调用，以减少重复绘制的操作，提高绘图速度和质量，便于修改。图块简称块，用户可以将经常使用的图形对象定义成块，需要时可随时将已经定义的图块以不同的比例和转角插入到所需要的图中的任意位置。

■ 二、图块使用

1. 创建图块（BLOCK）

（1）命令行：在命令行输入"B"命令。

（2）菜单栏：执行"绘图"→"块"→"创建"命令。

（3）工具栏：单击"绘图"工具栏的"创建块"按钮 。

　　"创建块"命令是快速绘制图形不可缺少的一个命令。它能够提高作图效率，节省存储空间，便于图形后期的编辑和修改。

　　执行"创建块"命令，在打开的"块定义"对话框中进行调整，"块定义"主要包括名称、基点和对象等内容。

（1）名称：定义块的名称。

（2）基点：指定块插入点的位置，通过"拾取点"按钮在绘图区指定。

（3）对象：选择块对象的图形，通过"选择对象"按钮在绘图区指定。

保留：块定义后，绘图区对象保留原特性。

转换为块：块定义后，绘图区对象直接转换为块。

删除：块定义后，删除绘图区对象。

2. 写块（WBLOCK）

用"BLOCK"命令定义的块，只能插入块建立的图形，而不能被其他图形文件调用。使用"WBLOCK"命令将块单独保存为文件，便可以被其他图形文件调用。"写块"命令的调用方法和定义见表4-3。

表4-3　"写块"命令

方法	命令行：WBLOCK
定义	"WBLOCK"命令可以看成是"Write"加"Block"，也就是写块
	可将图形文件中的整个图形、内部块或某些实体写入一个新的图形文件，其他图形文件均可以将它作为块调用
	定义的图块是一个独立存在的图形文件，相对于 Block 命令定义的内部块，它被称为外部块

执行"写块"命令，在弹出的"写块"对话框中进行定义，如图4-11所示，"写块"主要包括"源"和"目标"等内容，其中"目标"为保存外部图块的路径。

以上各内容的功能和含义如下：

（1）"源"选项组。

1）"块"：将图形中的图块保存为文件。

2）"整个图形"：将当前整个图形保存为文件。

3）"对象"：从当前图形中选择图形对象保存为文件。

（2）"目标"选项组。

1）"文件名和路径"：指定要输出的文件名称和存储的路径。

图 4-11　"写块"对话框

2）"插入单位"：指定建立文件作为块插入时的单位。

3. 插入块（INSERT）

插入块是指将块或已有的图形插入当前文件，在插入块的同时可以改变插入图形的比例和旋转角度值，执行"插入块"命令的方法如下。

（1）命令行：在命令行输入"I"命令。

（2）菜单栏：执行"插入"→"块"命令。

（3）工具栏：单击"绘图"工具栏上的"插入块"按钮。

执行"插入块"命令，在弹出的"插入块"对话框中进行调整，如图4-12所示，"插入块"

主要包括"名称""插入点""比例""旋转""块单位"等内容。

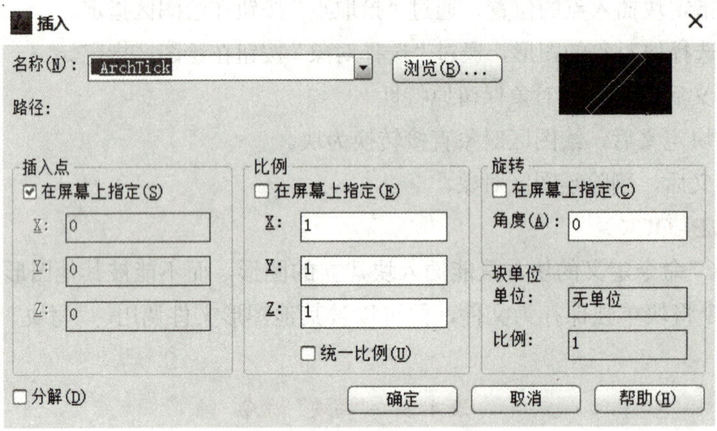

图 4-12 "插入"对话框

（1）名称：指定插入的图块名称。

（2）插入点：指定块的插入点。

（3）比例：指定块在图形中的大小。

（4）旋转：指定块的旋转角度。

（5）块单位：显示有关块单位的信息。

任务实施

一、资讯

（1）图块的作用是什么？

（2）内部块、外部块和属性块的区别和联系是什么？

二、计划与决策

组员共同识读住宅平面布局图，如图4-13所示，讨论并制订绘制平面布局图的工作计划，填在表4-4中。

表 4-4 工作计划

序号	内容	使用绘图方法	完成时间
1			
2			
3			
4			
5			

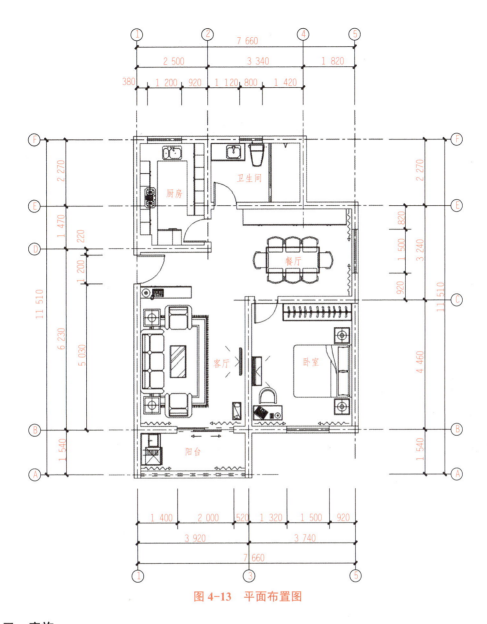

图 4-13　平面布置图

三、实施

按决策的内容实施绘图工作，完成门窗绘制、家具配景的插入和尺寸标注。

1. 绘制窗

（1）将0层设置为当前层。运用"直线"命令绘制一条长度为1 000的直线，向下偏移80，依次偏移3次，结果如图4-14所示。

图 4-14　窗对象

（2）选择"创建块（B）"命令，输入名称为"C1000"（可以自己命名），单击"拾取点"按钮，拾取左上角点为基点，单击"选择对象"按钮，选取整个窗对象。如图4-15所示，设置完成后单击"确定"按钮 确定 即可。

（3）输入"插入块（I）"命令，选择名称为"C1000"的块，在"插入点"选项区域可以勾选"在屏幕上指定"复选框，更改"比例"：X为1.5，Y为1，Z为1，根据实际窗的尺寸更改X值，在"旋转"选项区域可以勾选"在屏幕上指定"复选框，如图4-16所示，设置完成后单击"确定"按钮 **确定** 即可。

图4-15 "块定义"设置

图4-16 "插入块"设置

2. 绘制门

（1）绘制门图块：将0层设置为当前层。运用矩形命令绘制一个@50，1 000的门扇，并运用圆弧（起点、圆心、端点）命令绘制门的开启方向线，如图4-17所示。创建名称为"M1"的图块，镜像门对象，创建名称为"M2"的门图块。

（2）选择"插入块（I）"命令，选择名称为"M1"或"M2"的图块，在"插入点"选项区域可以勾选"在屏幕上指定"复选框，更改"比例"：X为0.8，Y为0.8，Z为1，根据实际门的尺寸更改X和Y的比值，在"旋转"选项区域可以勾选"在屏幕上指定"复选框，旋转角度如图4-18所示，设置完成后单击"确定"按钮 **确定** 即可。

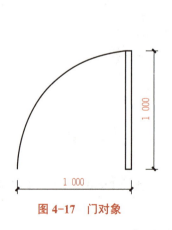

图4-17 门对象

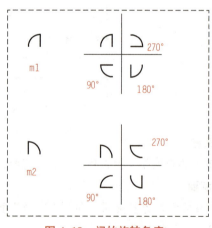

图4-18 门的旋转角度

扫描二维码观看门的插入的视频。

门图块的插入

3．绘制家具配景（主卧房间）

（1）家具写块：打开图库，背景图层调为 0 层，颜色为随层 Bylayer，选择家具对象，利用"X"分解命令炸开，选中家具对象，调整为 0 层，颜色为随层 Bylayer，利用写块命令"WBLOCK"写块并保存，如图 4-19 所示。

（2）插入家具：图层调为"家具"层，运用"插入块（I）"命令，插入合适的家具。也可用通过"设计中心"面板快捷地插入家具图块，如图 4-20 所示。

4．标注尺寸

设置标注图层为当前图层，使用"线性标注"完成第一道尺寸标注，使用"基线标注""连续标注""快速标注"等完成尺寸标注。

图 4-19　"写块"设置

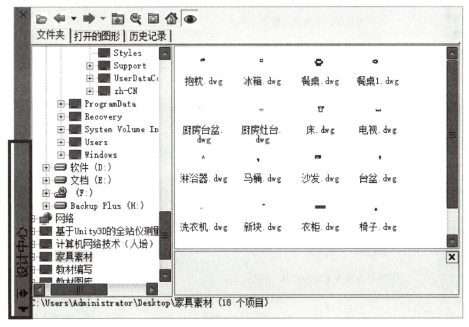

图 4-20　设计中心

扫描二维码观看家具插入的视频。

家具图块的插入

四、评价与总结

任务完成后进行自我评价和小组评价并认真书写任务总结，最后交由教师评价（表 4-5）。

表 4-5　评分标准

评价指标	评价内容	分值	自评	组评	师评
线上自学 （20分）	能够自学线上资源	5			
	完成课前自测	5			
	完成课前讨论	5			
	完成课后自测	5			
知识目标 能力目标 完成情况 （60分）	绘制窗	10			
	绘制门	15			
	绘制家具配景	20			
	保存文件	5			
	图纸审核	10			
素质目标 达成情况 （20分）	制图标准习惯养成	5			
	小组协作、交流表达能力	5			
	自主学习解决问题的能力	5			
	大胆尝试、勇于创新的能力	5			
合计					
总结	1. 描述本任务新学习的内容。 2. 总结在任务实施中遇到的困难及解决措施。 3. 总结本任务学习的收获				

课后任务

一、单选题

1. 外部块文件的扩展名是（　　）。

　A．".shx"　　　　　　　　　　　　　B．".dwg"

　C．".dwt"　　　　　　　　　　　　　D．".cfg"

2. 在使用 "INSERT" 命令引用外部图块时，不可以（　　）。

　A．更改图块基点　　　　　　　　　　B．更改图块的大小

C. 更改图块的角度　　　　　　　　　D. 在文件中产生同名的内部块

3. 在CAD中，若将一个图块创建在0层，当把该图块插入到不同颜色的图层时，图块的颜色会（　　）。

A. 始终为0层的颜色　　　　　　　　B. 变为插入层的颜色

C. 随机变化　　　　　　　　　　　　D. 保持创建图块时所设定的固定颜色

二、判断题

1. 在插入外部图块时，用户不能为图块指定缩放比例及旋转角度。　　　　（　　）

2. 图块的属性值一旦设定后，就不能再进行修改。　　　　　　　　　　（　　）

任务三　绘制住宅地面铺装图

◉ 课前准备

请扫描二维码观看住宅空间全景效果图，重点观察地面铺装设计并回答下列问题。

引导问题1： 请仔细观察地面铺装的是哪种材质，其尺寸大小是多少？

_____

_____

住宅空间全景
效果图

引导问题2： 地面铺装材质和尺寸在方案图中是如何体现的？

_____

_____

◉ 知识链接

在住宅平面图的基础上绘制地面铺装图，需要学习图案填充的相关内容。

（1）设置图案方法。

1）命令行：在命令行输入"H（HATCH）"命令。

2）菜单栏：执行"绘图"→"图案填充"命令。

3）工具栏：单击"绘图"工具栏"图案填充"按钮，如图4-21所示。

（2）执行"图案填充"命令后，系统弹出"图案填充和渐变色"对话框，如图4-22所示。

"填充"选项卡中主要内容的功能和含义如下：

1）类型和图案：用于选择图案的类型和具体的图案，可以使用"类型"中的"预定义"，单击"图案"后的按钮，会弹出图4-23所示的"填充图案选项板"对话框，可以选择图案。

图 4-21　图案填充按钮

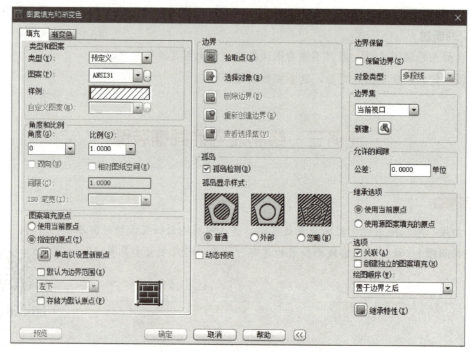

图 4-22　"图案填充和渐变色"对话框

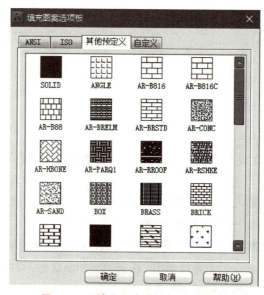

图 4-23　"填充图案选项板"对话框

或者运用"用户定义""自定义"创建更加复杂的填充图案。

2）角度和比例：用来控制图案的方向和大小。

3）图案填充原点：用于设置图案在图形文件中的原点位置。

4）边界：可以选择多种方法指定图案填充的边界，单击相应按钮系统返回绘图区选择对象或拾取闭合区域的内部点。

5）选项：用于控制图案填充是否随边界的更改而自动调整。

6）孤岛：图案填充区域内的封闭区被称为孤岛，在填充区域内有如文字、公示，以及孤立的封闭图形等特殊对象时，可以利用孤岛对象断开填充，避免在填充图案时覆盖一些重要的文本注释或标记。孤岛有"普通""外部"和"忽略"三种填充样式。

"渐变色"选项卡用于定义要应用的渐变填充的外观，分单色和双色，"渐变色"选项卡如图4-24所示。

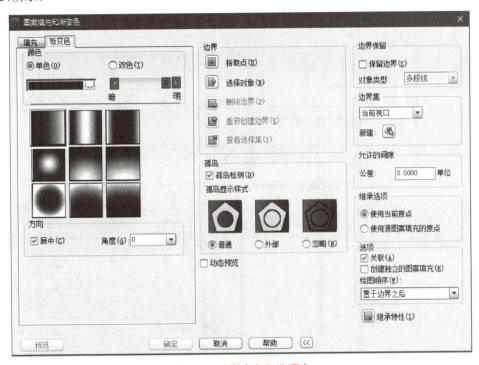

图 4-24 "渐变色"选项卡

任务实施

一、资讯

（1）地砖铺设有什么快捷的方法？

（2）不封闭的区域能否进行填充？

二、计划与决策

组员共同识读地面铺装图，如图4-25所示，讨论并制订绘制地面铺装图的方法，填在表4-6中。

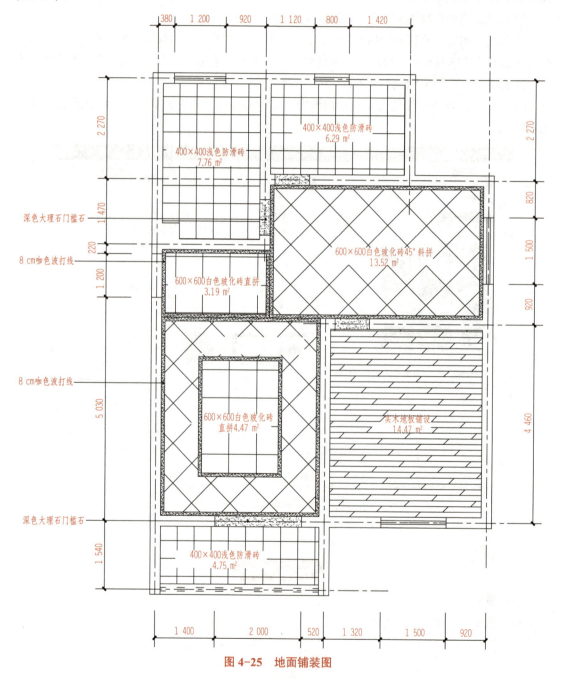

图 4-25 地面铺装图

表 4-6 工作计划

序号	内容	绘图准备工作	完成时间
1			

序号	内容	绘图准备工作	完成时间
2			
3			
4			

三、实施

要进行地面铺装图的绘图，可以在住宅平面图的基础上绘制。

1. 复制并修改住宅平面图

（1）执行"复制"命令，复制住宅平面图，关闭家具层，执行"删除"命令，删除平面图中的门，用直线连接门洞，如图4-26所示。

（2）创建"地面"图层，并将其设置为当前层。

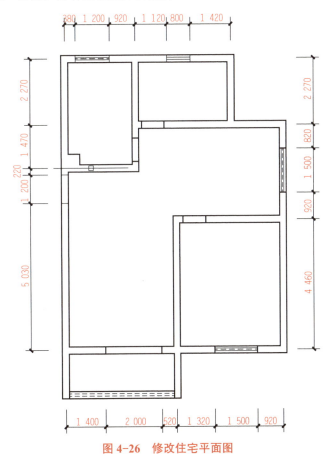

图4-26　修改住宅平面图

2. 填充卧室、卫生间、厨房和阳台地面

（1）用"复制"命令在卧室中复制文字"实木地板铺设"，执行"工具"→"查询"→"面积"命令，分别选择点1、点2、点3、点4和点1，并按Enter键确认，查询卧室面积，如图4-27所示。

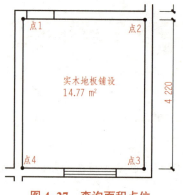

图4-27 查询面积点位

（2）执行"填充（H）"命令，使用"预定义"类型，选择"DOLMIT"图案样式，设置相应的比例和角度，指定新的填充原点，在卧室内部添加拾取点，进行填充，如图4-28所示。

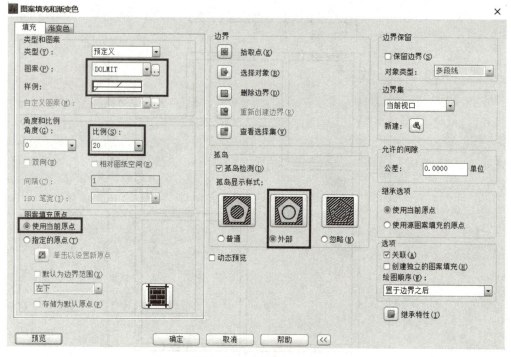

图4-28 图案填充设置

（3）执行"填充（H）"命令，使用"用户定义"类型，勾选"双向"复选框，间隔中输入值"400"，如图4-29所示，按照上述方法填充卫生间、厨房和阳台地面。

3. 填充客厅、餐厅和过道

（1）执行"直线（L）"命令对客厅、餐厅和过道区域进行划分。

（2）执行"矩形（REC）"命令，对三个区域进行描边，执行"偏移（O）"命令分别向内侧偏移80。

（3）执行"填充（H）"命令，选择"AR-SAND"图案样式，设置相应的比例，指定新的填充原点，在内部添加拾取点，进行填充，如图4-30所示。

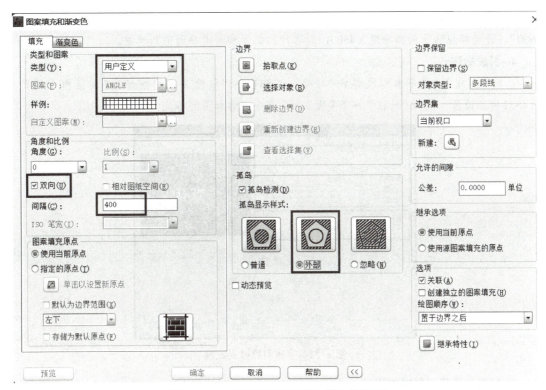

图4-29　卫生间、厨房和阳台填充效果图

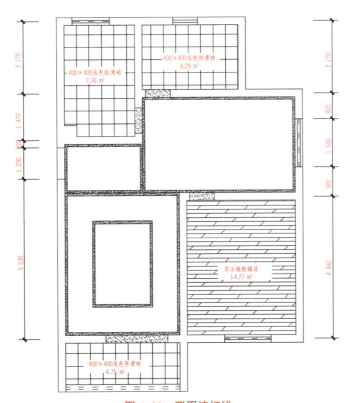

图4-30　四周波打线

（4）执行"填充（H）"命令，使用"用户定义"类型，勾选"双向"复选框，间隔中输入值"600"，设置相应的比例和角度（450），对客厅、餐厅和过道分别进行填充。

4. 引线标注

执行"格式"→"多重引线样式"命令，在弹出的"修改多重引线样式"对话框中进行如图4-31所示设置，执行"标注"→"多重引线"命令，添加引线标注。

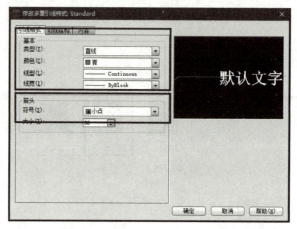

图 4-31　多重引线样式设置

5. 扫描二维码观看操作视频

地面铺装 1　　　　地面铺装 2

四、评价与总结

任务完成后进行自我评价和小组评价并认真书写任务总结，最后交由教师评价（表4-7）。

表 4-7　评分标准

评价指标	评价内容	分值	自评	组评	师评
线上自学 （20分）	能够自学线上资源	5			
	完成课前自测	5			
	完成课前讨论	5			
	完成课后自测	5			
知识目标 能力目标 完成情况 （60分）	复制并修改住宅平面图	10			
	绘制卧室木地板	10			
	绘制卫生间防滑砖	10			
	绘制厨房防滑砖	10			
	绘制客厅玻化砖	10			
	绘制餐厅玻化砖	10			

评价指标	评价内容	分值	自评	组评	师评
素质目标 达成情况 （20分）	制图标准习惯养成	5			
	小组协作、交流表达能力	5			
	自主学习解决问题的能力	5			
	大胆尝试、勇于创新的能力	5			
合计					
总结	1. 本任务新学习的内容描述。 2. 总结在任务实施中遇到的困难及解决措施。 3. 本任务学习的收获				

📖 课后任务

一、判断题

1. 没有封闭的图形也可以直接填充。 　　　　　　　　　　　　　　　　（　　）

2. 填充区域内的封闭区域被称作孤岛。 　　　　　　　　　　　　　　　（　　）

3. 若将FILL设为开状态，填充图案不会显示出来，也不能被打印输出。 （　　）

二、单选题

1. （　　）图形不能直接进行填充。

 A. 正多边形 　　　　 B. 圆 　　　　 C. 多线 　　　　 D. 矩形

2. 下列不属于图案填充孤岛显示模式的是（　　）。

 A. 普通 　　　　 B. 外部 　　　　 C. 正常 　　　　 D. 忽略

任务四　绘制住宅顶棚布置图

◎ 课前准备

扫描二维码观看室内空间全景效果图，重点观察顶棚设计并回答下列问题。

引导问题1： 各个空间顶棚的造型和灯具位置在哪里？

_____

_____

室内空间全景
效果图

◉**知识链接**

在住宅平面图的基础上绘制顶棚设计图，要完成本任务，先来学习查询图形信息的相关内容。

■ 一、查询图形信息

在中望CAD 2014中，可以利用查询功能查询对象的距离、面积并获取图形的基本信息。如查询卧室信息，如图4-32所示。

图 4-32　卧室平面图

1. 查询对象的距离

可以利用"DIST"命令查询，方法如下：

（1）菜单栏：执行"工具"→"查询"→"距离"命令。

（2）工具栏：单击"查询"工具栏"距离"按钮，如图4-33所示。

查询点1～点2距离，执行上述其中一个操作后，命令行出现以下信息：

DIST指定第一点：//鼠标拾取点1

指定第二点：//鼠标拾取点2

距离=3500.0000，XY平面中的倾角=0，与XY平面的夹角=0

X增量=3500.0000，Y增量=0.0000，Z增量=0.0000

2. 查询对象的面积信息

可以利用"AREA"命令查询方法如下：

（1）菜单栏：执行"工具"→"查询"→"面积"命令。

（2）工具栏：单击"查询"工具栏"面积"按钮，如图4-34所示。

查询卧室面积，执行上述其中一个操作后，命令行出现以下信息：

指定第一个角点［对象（O）/加（A）/减（S）］＜对象（O）＞：//鼠标拾取点1

指定下一个角点或按下ENTER键全选：//鼠标拾取点2

指定下一个角点或按下ENTER键全选：//鼠标拾取点3

指定下一个角点或按下ENTER键全选：//鼠标拾取点4

面积=14763000.0000，周长=15436.0000

3. 获取图形信息

可以利用"LIST"命令列出图形对象的相关信息：

（1）菜单栏：执行"工具"→"查询"→"列表显示"命令。

（2）单击"查询"工具栏"列表"按钮，如图4-35所示。

图4-33 "距离"按钮　　　　图4-34 "面积"按钮　　　　图4-35 "列表"按钮

查询卧室的相关信息，执行上述其中一个操作后，出现图4-36所示信息内容。

图4-36 查询卧室信息

除以上建筑装饰绘图中常见的几种查询外，中望CAD 2014还提供了点坐标、时间、状态和设置变量等信息查询方式，用户可以根据需要调用。

▶ 任务实施 ◀

一、资讯

（1）窗帘盒的绘制方法是什么？

（2）"特性匹配"的快捷命令是什么？如何操作？

二、计划与决策

组员共同识读顶棚布置图，如图4-37所示，讨论制订绘制顶棚布置图的方法，填在表4-8中。

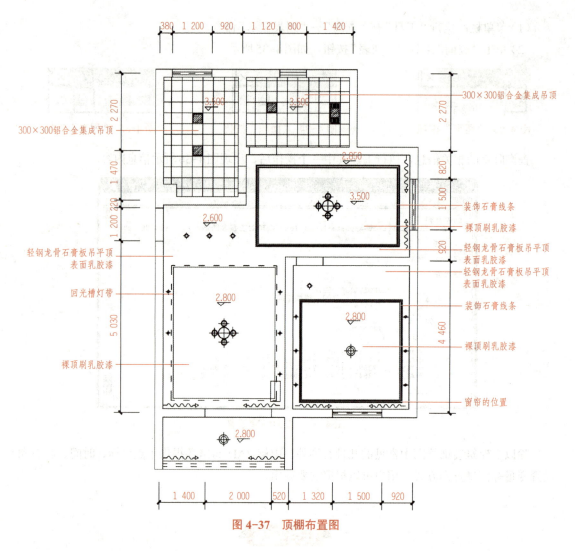

图4-37 顶棚布置图

表4-8 工作计划

序号	内容	绘图准备工作	完成时间
1			
2			
3			
4			

三、实施

要进行住宅顶棚设计图的绘图，可以在住宅平面图的基础上绘制。

1. 复制并修改住宅平面图

（1）执行"复制"命令，复制住宅平面图，关闭家具层，执行"删除"命令，删除平面图中的门，用直线连接门洞。

（2）创建"顶棚"和"灯具"图层，并将"顶棚"设置为当前层。

2. 绘制卧室顶棚布置图

（1）绘制窗帘盒：用"直线"连接点3和点4，利用"偏移"命令向上偏移200，绘制一个半径为50的圆，向右复制7次，结果如图4-38所示。

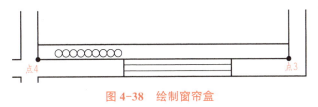

图 4-38　绘制窗帘盒

输入"修剪（TR）"命令，修剪图案，执行"多线（PL）"命令绘制箭头，执行"镜像（MI）"镜像出另一侧窗帘，如图4-39所示。

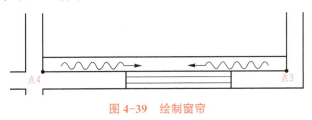

图 4-39　绘制窗帘

（2）绘制顶棚造型：执行"矩形"和"偏移"命令，按图4-40尺寸绘制卧室顶棚造型，标注标高尺寸。

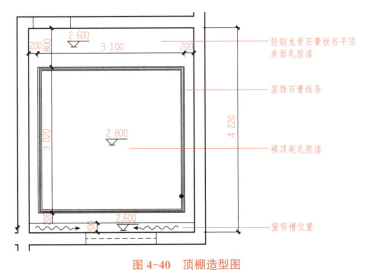

图 4-40　顶棚造型图

3. 绘制其余部分吊顶

（1）绘制厨房卫生间吊顶：执行"填充（H）"命令对厨房卫生间吊顶区域进行填充，选择"用户定义"类型，勾选"双向"复选框，设置间隔为300，在内部添加拾取点，进行填充，如图4-41所示，最终填充效果图如图4-42所示。

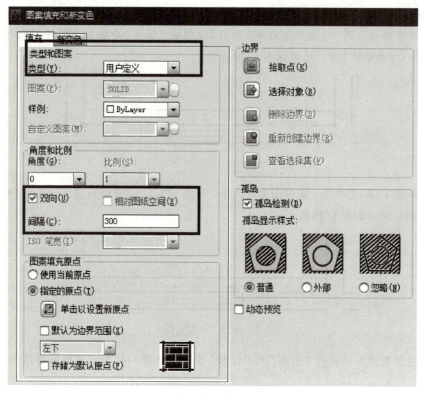

图 4-41　图案填充设置

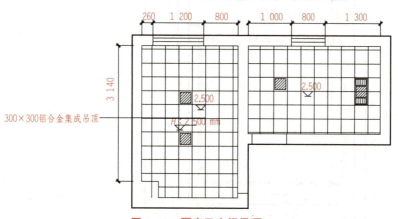

图 4-42　厨房卫生间吊顶

（2）客餐厅顶部造型同卧室设置，此处不再阐述。

4. 绘制顶面灯具

在灯具图库中选择合适灯具，按照灯具点位图，在准确的位置插入灯具，如图4-43所示。

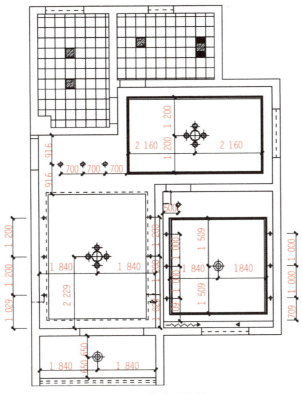

图 4-43　灯具定位图

5．扫描二维码观看操作视频

卧室顶棚布置图

厨房卫生间吊顶

四、评价与总结

任务完成后进行自我评价和小组评价并认真书写任务总结，最后交由教师评价（表4-9）。

表 4-9　评分标准

评价指标	评价内容	分值	自评	组评	师评
线上自学 （20分）	能够自学线上资源	5			
	完成课前自测	5			
	完成课前讨论	5			
	完成课后自测	5			
知识目标 能力目标 完成情况 （60分）	复制并修改住宅平面图	10			
	绘制卧室顶棚布置图	10			
	绘制卫生间顶棚布置图	10			

评价指标	评价内容	分值	自评	组评	师评
知识目标 能力目标 完成情况 （60分）	绘制厨房顶棚布置图	10			
	绘制客厅顶棚布置图	10			
	绘制餐厅顶棚布置图	10			
素质目标 达成情况 （20分）	制图标准习惯养成	5			
	小组协作、交流表达能力	5			
	自主学习解决问题的能力	5			
	大胆尝试、勇于创新的能力	5			
合 计					
总 结	1. 描述本任务新学习的内容。 2. 总结在任务实施中遇到的困难及解决措施。 3. 总结本任务学习的收获				

课后任务

单选题

1. 在中望CAD 2014中给一个对象指定颜色的方法很多，除了（　　　）。

A. 直接指定颜色特性　　　　　　　B. 随层 "ByLayer"

C. 随块 "ByBlock"　　　　　　　　D. 随机颜色

2. 用LINE命令与PLINE命令分别作一条直线，那么夹点的数目分别为（　　　）。

A. 2，2　　　　B. 2，3　　　　C. 3，2　　　　D. 3，3

3. 下列编辑工具中，不能实现"改变位置"的功能的是（　　　）。

A. 移动　　　　B. 比例　　　　C. 旋转　　　　D. 阵列

4. 中望CAD 2014中默认设置分为（　　　）。

A. 英制　　　　B. 公制　　　　C. 法制　　　　D. 美制

5. 在中望CAD 2014中，设置图形边界的命令是（　　　）。

A. GRID　　　　B. SNAP和GRID　　　　C. LIMITS　　　　D. OPTIONS

任务五　绘制住宅剖立面图

◎ 课前准备

请仔细观察电视背景墙效果图（图4-44）并回答下列问题。

图 4-44　电视背景墙效果图

引导问题1：电视背景墙用的是哪种材质？

_____

_____

引导问题2：被剖到的吊顶如何绘制？

_____

_____

_____

◎ 知识链接

在住宅平面图的基础上绘制剖立面图，要完成本任务，我们先来学习修改对象特性和特性匹配的相关内容。

■ 一、修改对象特性

1. 设置"特性"方法

（1）菜单栏：执行"修改"→"特性"命令。

（2）工具栏：单击"标准"工具栏"特性"按钮，如图4-45所示。

图 4-45　特性按钮

2．"特性"命令选项

执行"特性"命令后，系统弹出"特性"选项板，如图4-46所示。选择对象后可以直接修改对象特征，如图层、颜色、线型和线宽等。

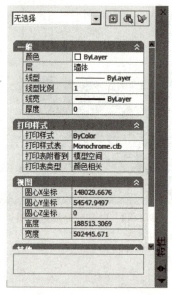

图 4-46　"特性"选项板

二、特性匹配

1．设置"特性匹配"方法

（1）命令行：在命令行输入"MA（MATCHPROP）"命令。

（2）菜单栏：执行"修改"→"特性匹配"命令。

（3）工具栏：单击"标准"工具栏"特性匹配"按钮，如图4-47所示。

图 4-47　"特性匹配"按钮

2．"特性匹配"命令选项

执行上述其中一个操作后，命令行出现以下信息：

选择源对象：//选择要复制其特性的对象

当前活动设置：颜色图层线型 线型比例 线宽 厚度 打印样式 文字 标注 填充图案

选择目标对象或［设置（s）］：//选择一个或多个要得到特性的对象

技巧提示：此命令要首先选择原对象再选择目标对象。

任务实施

一、资讯

（1）窗帘盒的绘制方法是什么？

（2）"特性匹配"的快捷命令是什么？如何操作？

二、计划与决策

组员共同识读电视背景墙剖立面图（图4-48），讨论并制订绘制图形的方法，填在表4-10中。

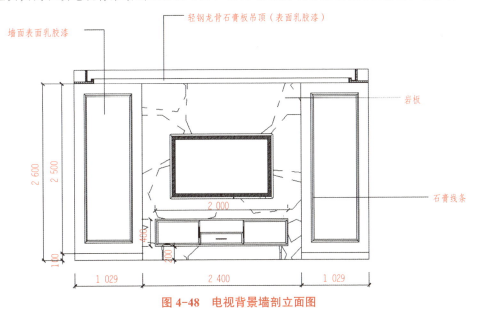

图4-48 电视背景墙剖立面图

表4-10 工作计划

序号	内容	绘图准备工作	完成时间
1			
2			
3			
4			

三、实施

1. 绘制电视背景墙的结构图

执行"直线""偏移"和"修剪"命令绘制电视背景墙的结构图，如图4-49所示。

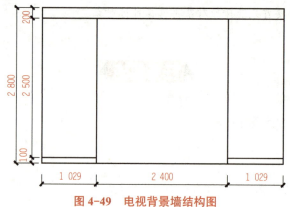

图 4-49　电视背景墙结构图

2.绘制吊顶

执行"直线"命令，绘制相互垂直的原顶面和墙面，执行"多线"命令，按照尺寸图绘制，向内侧偏移10，填充石膏板，如图4-50所示。绘制龙骨并填充。

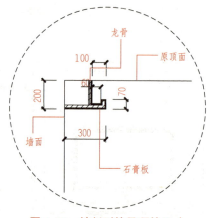

图 4-50　被剖到的吊顶的尺寸

3.绘制石膏线条和岩板

执行"矩形（REC）"命令，拾取A点和B点绘制矩形，执行"偏移"命令，向内侧偏移150，分别向内侧偏移2次20，用直线连接四个角点，结果如图4-51所示。

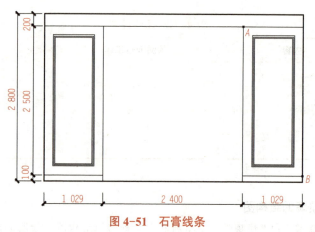

图 4-51　石膏线条

4．绘制电视机和电视柜

（1）在图库中选择合适的电视机和电视柜，插入剖立面图中，执行"填充（H）"命令，选择"GRAVEL"图案样式，设置相应的比例和角度，对电视背景进行填充。结果如图4-52所示。

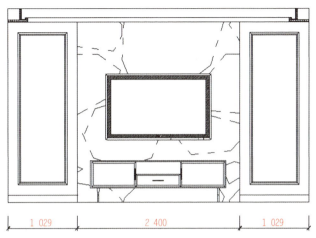

图4-52　电视背景墙剖立面图

（2）绘制引线标注。扫描二维码观看操作视频。

电视背景墙结构图

电视背景墙剖立面图

四、评价与总结

任务完成后进行自我评价和小组评价并认真书写任务总结，最后交由教师评价（表4-11）。

表4-11　评分标准

评价指标	评价内容	分值	自评	组评	师评
线上自学 （20分）	能够自学线上资源	5			
	完成课前自测	5			
	完成课前讨论	5			
	完成课后自测	5			
知识目标 能力目标 完成情况 （60分）	绘制电视背景墙的结构图	10			
	绘制吊顶	10			
	绘制石膏线条和岩板	10			
	绘制电视机和电视柜	10			
	绘制立面图习题	20			

评价指标	评价内容	分值	自评	组评	师评
素质目标 达成情况 （20分）	制图标准习惯养成	5			
	小组协作、交流表达能力	5			
	自主学习解决问题的能力	5			
	大胆尝试、勇于创新的能力	5			
	合计				
总结	1. 描述本任务新学习的内容。 2. 总结在任务实施中遇到的困难及解决措施。 3. 总结本任务学习的收获				

课后任务

绘制图4-53所示的立面图。

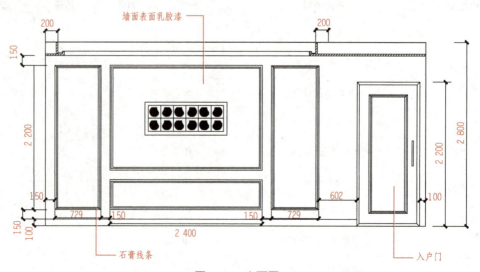

图4-53 立面图

任务六 综合实训项目

一、项目背景

项目地址：无锡市滨湖区某小区。

设计单位：无锡某装饰设计有限公司。

项目介绍：

（1）本项目为无锡市滨湖区某小区××幢某单元3室2厅2卫一毛坯房，其原始户型如图4-54所示，利用中望CAD 2014软件完成装饰设计图的绘制。

（2）利用微信扫码进入"智能云平台"，查看全景图，如图4-55所示。

（3）项目效果如图4-56所示。

二、学有所获

本实训任务分为两个阶段，首先运用本项目学习到的中望CAD 2014绘制住宅室内设计施工图的方法，绘制住宅平面布置图。第二阶段运用所学的专业知识，对照建筑装饰效果图，参照设计图，绘制住宅地面铺装图和住宅顶棚布置图。

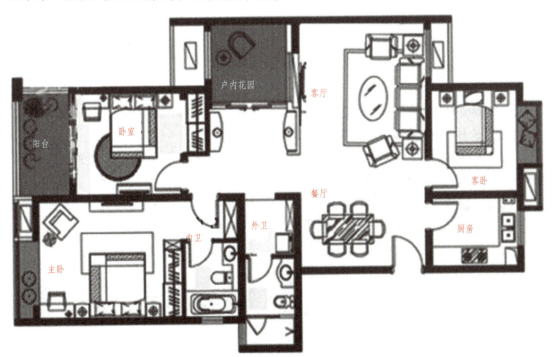

图 4-54 项目原始户型图

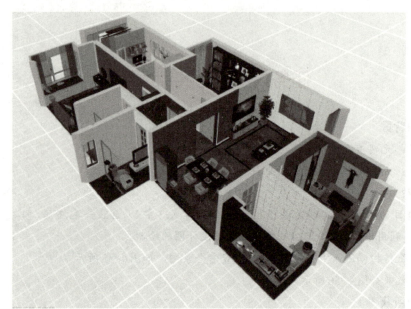

智能云平台 VR
全景图

图 4-55　智能云平台 VR 全景图

三、实训任务

实训项目原始平面图如图4-57所示。

（1）绘制住宅平面布置图（图4-58）。

（2）绘制住宅地面铺装图（图4-59）。

（3）绘制住宅顶棚布置图（图4-60）。

四、实训要求

（1）了解绘制规范及要求：需要熟悉房屋建筑室内装饰装修制图标准，包括制图基本规定、常用装饰装修材料和设备图例、图样画法及图纸深度等。

（2）掌握住宅室内装饰施工图的绘制方法：需要掌握住宅室内装饰施工图中各种建筑元素的绘制方法，并能准确绘制住宅平面布置图、地面铺装图及顶棚布置图等。

（3）提高绘图效率：需要学会使用图块、设计中心、查询等来提高绘图效率，并能够灵活运用绘图方法和技巧，确保绘图的准确性和高效性。

主卧

次卧

儿童房

书房

厨房

客厅

阳台

卫生间

图 4-56 项目效果图

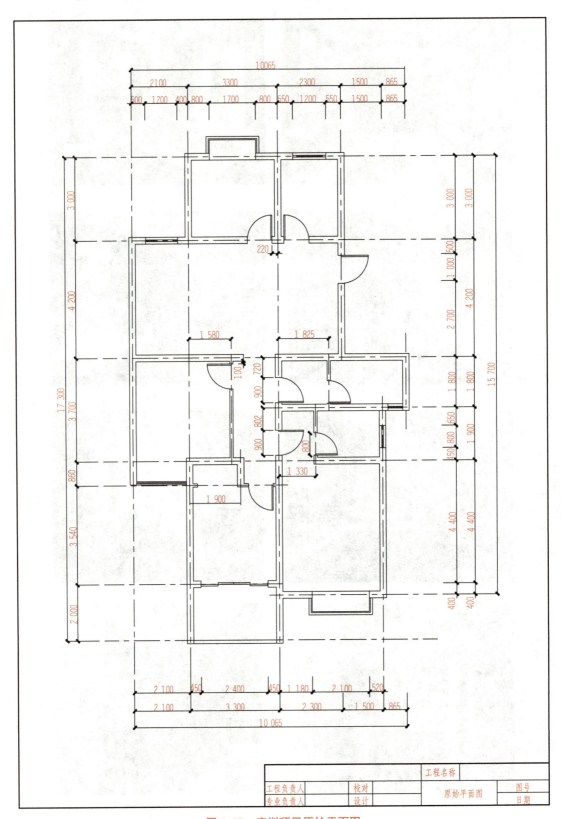

图 4-57　实训项目原始平面图

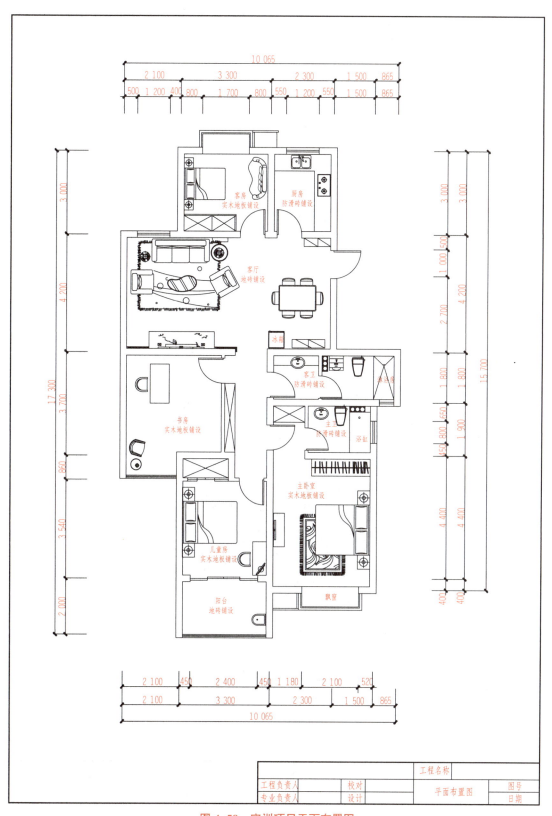

10 065

2 100　　　3 300　　　2 300　　1 500　865

500　1 200　400　800　　1 700　　800　550　1 200　550　1 500　865

3 000

4 200

17 300

3 700

860

3 540

2 000

客房
实木地板铺设

厨房
防滑砖铺设

客厅
地砖铺设

水箱

客卫
防滑砖铺设

淋浴房

书房
实木地板铺设

主卫
防滑砖铺设

浴缸

主卧室
实木地板铺设

儿童房
实木地板铺设

阳台
地砖铺设

飘窗

3 000

1 000　500

2 700

1 800　1 800

450　800　650　1 900

4 400　4 400

400　400

15 700

4 200

2 100　450　2 400　450　1 180　2 100　520

2 100　　　3 300　　　2 300　　1 500　865

10 065

	工程名称	
工程负责人	校对	平面布置图	图号
专业负责人	设计		日期

图 4-58　实训项目平面布置图

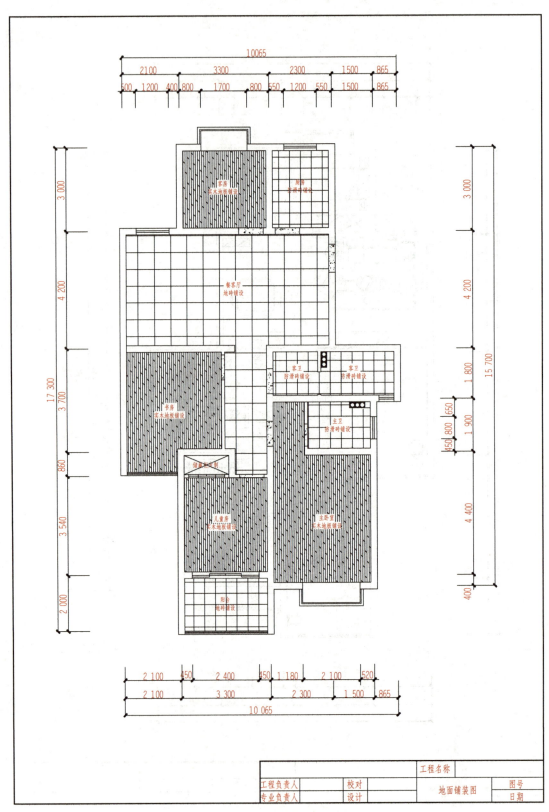

图 4-59　实训项目地面铺装图

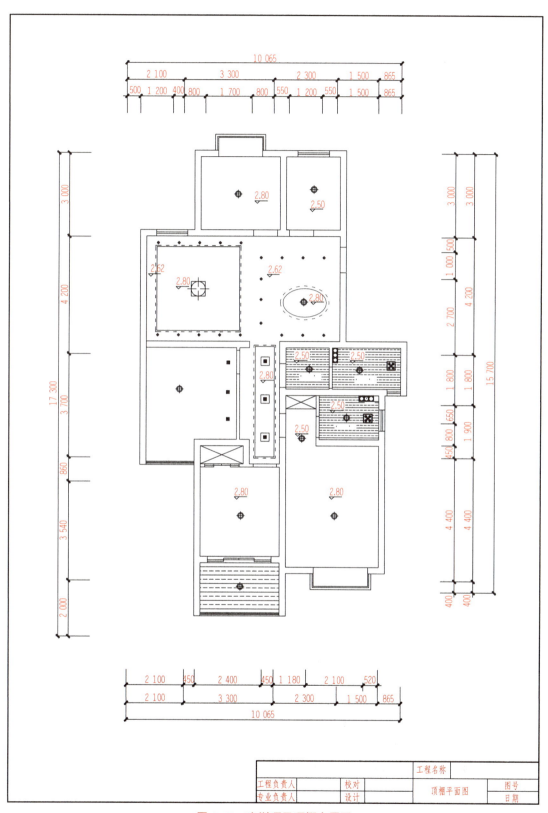

	工程名称		
工程负责人	校对	顶棚平面图	图号
专业负责人	设计		日期

图 4-60 实训项目顶棚布置图

项目五 打印出图和文件输出

项目背景

项目地址：无锡市某社区卫生服务中心药品楼。

设计依据：甲方提供的设计委托书和甲方认可的设计方案以及国家现行规范。

项目介绍：本项目建于无锡市，建筑面积为530.23 m^2，建筑物总高为7.6 m，耐久年限为50年，耐火等级为二级。已收集了本项目建筑施工图纸，将利用中望CAD 2014软件，将建筑一层平面图、二层平面图、屋顶层以及相关立面、节点图打印输出成PDF文件（图5-1）。

学有所获

1. 知识目标

（1）理解模型空间与图纸空间的作用；

（2）掌握在模型空间中打印图纸的设置；

（3）掌握在图纸空间通过布局进行打印设置；

（4）熟悉CAD文件和常见文件格式的转换设置。

2. 能力目标

（1）能在模型空间中打印出图；

（2）能在图纸空间中打印出图；

（3）能根据实际需求，灵活将CAD文件导出为对应格式的文件。

3. 素质目标

（1）养成制图标准习惯：严格按照国家制图规范绘制相关图纸；

（2）强化团队协作意识：建立学习共同体，在共同交流中达成目标；

（3）培养精益求精态度：准确使用绘图命令，灵活运用绘图技巧。

实训任务

任务一 在模型空间中打印出图。

任务二 在图纸空间中利用布局打印出图。

任务三 CAD与其他文件格式的数据交换。

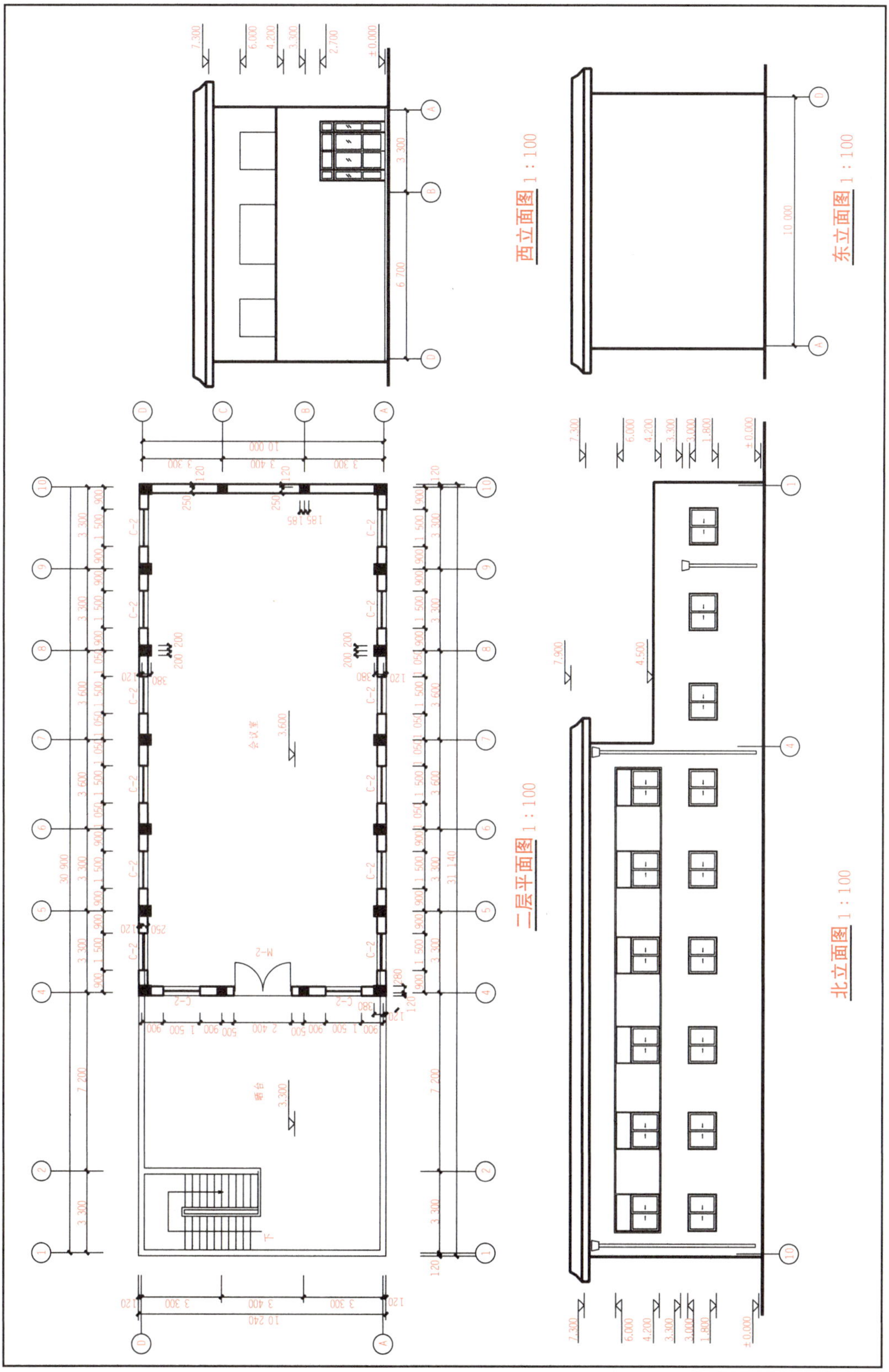
西立面图 1:100
东立面图 1:100
二层平面图 1:100
北立面图 1:100
会议室
晒台

图 5-1 输出图纸示意

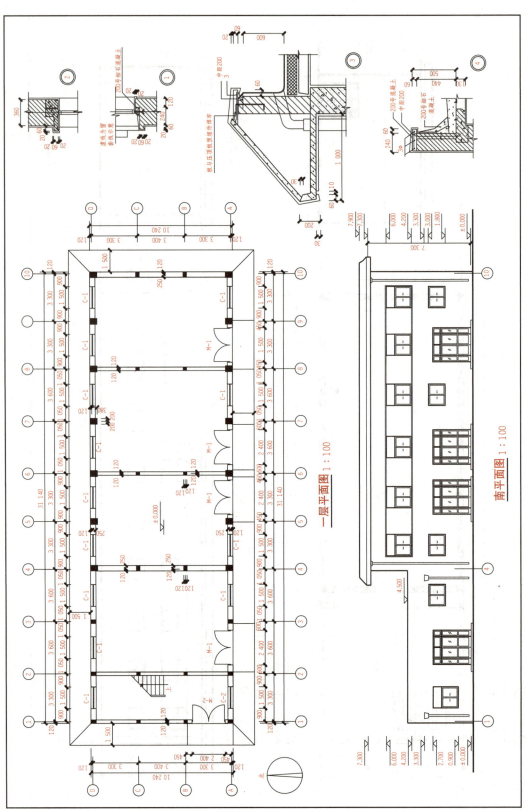

一层平面图 1:100

南平面图 1:100

图 5-1 输出图纸示意（续）

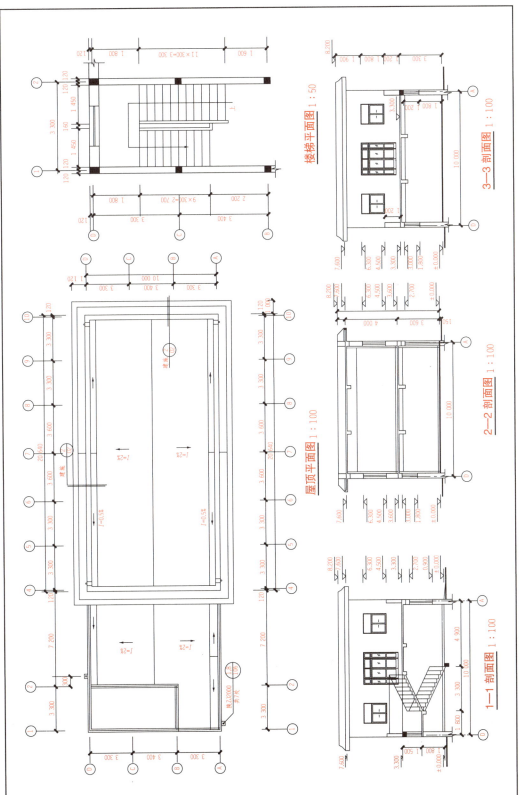

图 5-1 输出图纸示意（续）

任务一　在模型空间中打印出图

预习本任务内容，回答下列问题。

引导问题1：CAD图形绘制好之后，从蓝图变为现实，还需要什么步骤？

_____

_____

引导问题2：如何在图纸上布置绘制好的图形？

_____

_____

_____

◉ **知识链接**

要进行CAD文件的打印出图，首先要了解图幅图框、打印机（绘图仪）的相关知识和操作方法。

一、图幅和图框

1. 图幅的定义

图幅的全称是图纸幅面，指绘制图样的图纸的大小，分为基本幅面和加长幅面两种。

（1）基本幅面（图5-2）。基本幅面共有A0、A1、A2、A3和A4五种，这与ISO标准规定的幅面代号和尺寸完全一致，具体的尺寸大小如下：

A0=841×1 189（mm）

A1=594×841（mm）

A2=420×594（mm）

A3=297×420（mm）

A4=210×297（mm）

从中可以看出，基本幅面的长是宽的根号2倍，且各相邻幅面的面积大小均相差1倍。

（2）加长幅面（图5-3）。当基本幅面不能满足需要时，可采用加长幅面。加长幅面的尺寸由基本幅面的短边成整数倍增加后得出。如A3×3表示的是420×891的图纸（891=297×3）。

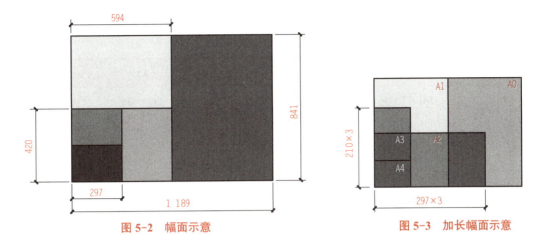

| 图 5-2 幅面示意 | 图 5-3 加长幅面示意 |

2. 图框格式

图框是指工程制图中图纸上限定绘图区域的线框。图纸上必须用粗实线画出图框。图框格式有留装订边和不留装订边两种，但同一产品图样只能采用一种格式。建筑制图一般采用留装订边的格式。

（1）图框尺寸。图纸幅面分为横式和立式两种，其中以短边作为垂直边的称为横式（即 X 型幅面），以短边作为水平边的称为立式（即 Y 型幅面）。一般 A0 ～ A3 图纸宜使用横式，必要时，也可使用立式，其幅面装订格式见表 5-1。

表 5-1 装订格式

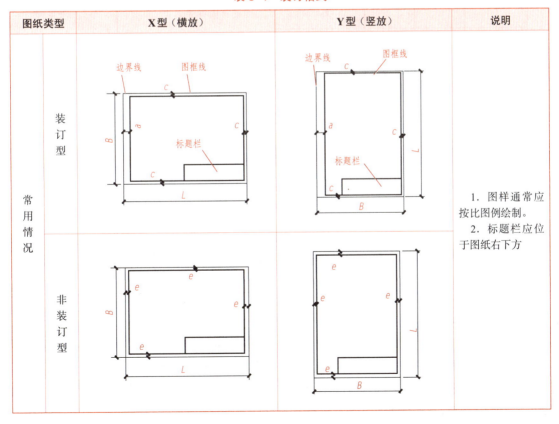

（2）留边尺寸。留边尺寸见表5-2。

表 5-2　留边尺寸

幅面代号	A0	A1	A2	A3	A4
$B\times L$	841×1 189	594×841	420×594	297×420	210×297
e	20			10	
c	10			5	
a	25				

（3）标题栏格式。在工程制图中，为方便读图及查询相关信息，图纸中一般会配置标题栏，其位置一般位于图纸的右下角，看图方向一般应与标题栏的方向一致。

对标题栏的基本要求、内容、尺寸与格式都作了明确的规定，相关内容请参照国家标准《技术制图 标题栏》（GB/T 10609.1—2008）。

标题栏一般由更改区、签字区、其他区、名称及代号区组成，也可按实际需要增加或减少，如图5-4所示。

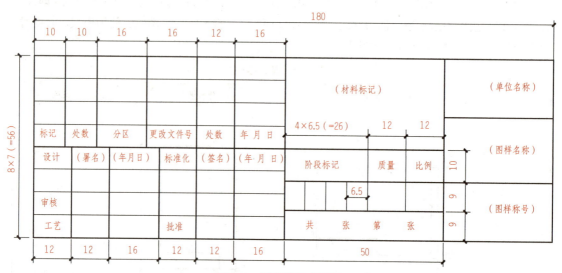

图 5-4　标题栏格式示意

更改区：一般由更改标记、处数、分区、更改文件号、签名和年月日等组成。

签字区：一般由设计、审核、工艺、标准化、批准、签名和年月日组成。

其他区：一般由材料标记、阶段标记、重量、比例、共××张第××张组成。

名称及代号区：一般由单位名称、图样名称和图样代号等组成。

在日常的制图过程中，标题栏的格式也可以根据实际需要进行简化。平时的日常练习，建议采用如图5-5所示的格式。

图 5-5　简化后的标题栏

■ 二、打印机/绘图仪的管理和添加

在开始打印之前，最好先了解打印的相关概念，以便更轻松地设置打印的相关属性。

1. 绘图仪管理器

绘图仪管理器（图5-6）是一个文件夹窗口，其中包含了用户安装的所有非系统绘图仪的配置（PC5）文件。若要使中望CAD 2014使用的默认打印属性与Windows使用的打印特性不同，则需要在中望CAD中添加设置新的绘图仪配置文件。绘图仪配置设置指定端口信息、光栅图像和矢量图形的质量、图纸尺寸及取决于绘图仪类型的自定义特性。

图 5-6　绘图仪管理器

2. 添加绘图仪向导

（1）命令行：在命令行输入"PLOTTERMANAGER"命令。

（2）菜单栏：执行"文件"→"绘图仪管理器"命令。

（3）其他出处：

1）在"打印"对话框，"打印机/绘图仪"区域的"名称"下拉列表中选择"新建绘图仪向导"选项，如图5-7（a）所示。

2）在"选项"对话框，"打印和发布"选项卡下的"新图形的默认打印设置"区域中单击"添加或编辑绘图仪"按钮，如图5-7（b）所示。

打开添加绘图仪向导，添加新的绘图仪或打印机。利用该向导将生成一个PC5文件，用户可在"绘图仪配置编辑器"中编辑其属性，包括端口连接和输出设置。

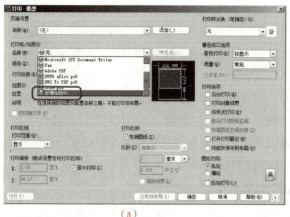
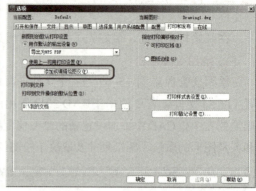

(a)   (b)

图5-7 添加绘图仪向导

添加绘图仪向导首先将开启"添加绘图仪–简介"对话框（图5-8），在此页面介绍该向导的用处，可为现有的Windows绘图仪或新创建的非Windows绘图仪创建配置文件。具体步骤如下：

（1）开始。单击"下一步"按钮在"添加绘图仪–开始"对话框中选择管理和配置绘图仪设置的驱动程序，然后单击"下一步"按钮，如图5-9所示。

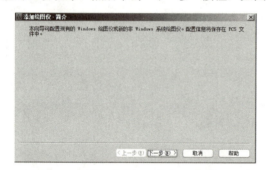
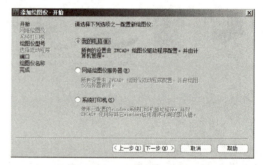

图5-8 "添加绘图仪–简介"对话框   **图5-9 "添加绘图仪–开始"对话框**

本向导支持"我的电脑"和"系统打印机"。其中，"我的电脑"所有设置由ICAD绘图仪驱动程序配置，并由计算机管理。"系统打印机"使用已配置的Windows系统打印机驱动程序，并对中望CAD 2014使用与其他Windows应用程序不同的默认值。

（2）绘图仪型号。若在第一步选择"我的电脑"选项，将弹出"添加绘图仪–绘图仪型号"对话框（图5-10），在该对话框中选择绘图仪生产商和型号，然后单击"下一步"按钮前进到第（4）步。

（3）系统打印机。若在第一步选择"系统打印机"，将进入"添加绘图仪–系统打印机"对话框（图5-11），选择系统绘图仪，然后单击"下一步"按钮前进到第（5）步。

（4）端口。在"添加绘图仪–端口"对话框中选择绘图仪的端口或输出设置，然后单击"下一步"按钮，如图5-12所示。

打印到端口：选择此项后，可在列表中选择端口，所有文档都将打印到指定的端口。

打印到文件：选择此项，将文档打印输出到文件中。

（5）绘图仪名称。在"添加绘图仪–指定绘图仪名称"对话框中指定绘图仪的名称，然后单击"下一步"按钮，如图5-13所示。

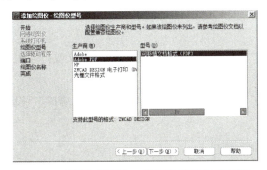

图 5-10 "添加绘图仪－绘图仪型号"对话框

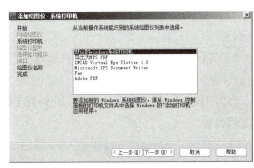

图 5-11 "添加绘图仪－系统打印机"对话框

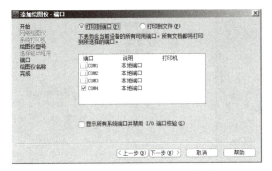

图 5-12 "添加绘图仪－端口"对话框

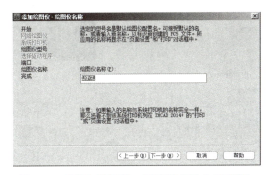

图 5-13 "添加绘图仪－绘图仪名称"对话框

（6）完成。单击"完成"按钮完成绘图仪的添加，如图5-14所示。若需要修改生成的配置文件的端口连接和输出设置，可在"添加绘图仪－完成"对话框中单击"编辑绘图仪配置"按钮，开启"绘图仪配置编辑器"对话框。

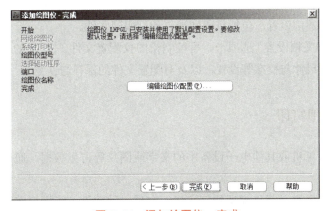

图 5-14 添加绘图仪－完成

3. 绘图仪配置编辑器

为新创建的或现有的配置文件（PC5）修改端口连接和输出设置，包括介质、图形、自定义特性和图纸尺寸。

可通过以下几种方式打开"绘图仪配置编辑器"。

（1）在"打印"对话框"打印机/绘图仪"区域中的"名称"中选择一个绘图仪或打印机，然后单击"特性"按钮，如图5-15所示。

（2）在"添加绘图仪"向导的最后一步"添加绘图仪-完成"对话框中单击"编辑绘图仪配置"按钮。

（3）通过新建或修改指定的"页面设置"，在"打印设置"对话框中选择绘图仪或打印机后单击"特性"按钮。

"绘图仪配置编辑器"对话框（图5-16）包含了三个选项卡，分别为"一般""端口""设备和文档设置"。

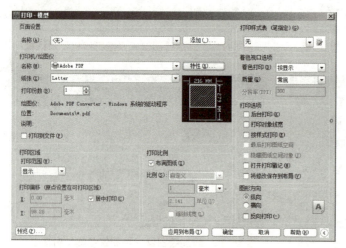

图5-15 "打印-模型"对话框　　　　　图5-16 "绘图仪配置编辑器"对话框

1）"一般"选项卡上，显示了绘图仪配置文件（PC5）的基本信息，包括绘图仪配置文件名和驱动程序信息。同时还可在"说明"文本框中添加或修改相关说明信息。

2）"端口"选项卡上，显示了绘图仪配置文件名，同时还可修改配置的打印机与用户计算机或网络系统之间的通信设置，包括打印到端口和打印到文件。

3）通过"设备和文档设置"选项卡，可控制绘图仪配置文件（PC5）的介质、图形、自定义特性、用户定义图纸尺寸与校准等设置，以及对配置文件的保存与恢复。

■ 三、打印和虚拟打印

打印通常指把计算机或其他电子设备中的文字或图片等可见数据，通过打印机等输出在纸张等记录物上。

虚拟打印机，顾名思义就是虚拟的打印机，它是一种软件，能模拟实现打印机的功能，打印文件。虚拟打印机的打印文件是以某种特定的格式保存在计算机中上。

在中望CAD 2014中，所有的CAD图形绘制完毕之后，都可以进行打印输出。不过，并不是所有的计算机都安装了实体打印机，所以，有时候需要运用虚拟打印技术，将CAD图形通过虚拟打印机，打印成为指定类型的格式文件，用来达成检查CAD图形是否绘制正确，或者转换格式，或者交换文件数据等用途。

有些软件自带虚拟打印机，有些则是专门的虚拟打印机，利用这些虚拟打印机可以帮助用户完成很多特殊的任务。

不同的虚拟打印机支持不同的打印格式（打印机的输出格式）。常见的格式有 jpg、gif、psd、bmp、pdf、pnd、txt 等，不同的打印机支持的输出格式也不是相同的。常见的虚拟打印机有 MS office 自带的 Microsoft Office Document Image Writer、CAD 自带虚拟打印机（DWG to PDF）、安装 Acrobat 生成的 Adobe PDF 虚拟打印机等。

某些实体打印机，支持"打印到文件"选项。这里指的是不从打印机直接打印到纸上，而是将它作为一个文件输出。在进行打印的时候，选择"打印到文件"选项，这时打印机就会输出另一个文件，属于另外一种格式。

在中望 CAD 2014 中，选择"打印－模型"对话框里的"打印机/绘图仪"区域下的"打印到文件"选项，将打印输出到 PLT 文件，如图 5-17 所示。

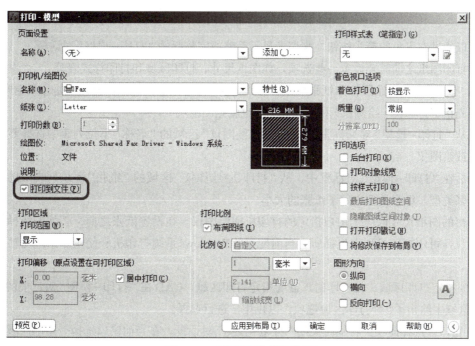

图 5-17 "打印到文件"选项

PLT 文件是遵从 HP GL/2 规范的打印机指令文件，大型的设计院所通常用这种文件来向打印机发送打印任务，PLT 文件现在能够被打印中心直接读入，能够集中批量打印和拼图输出。

四、打印参数设置

在中望 CAD 2014 中，通常通过"打印－模型"对话框（图 5-18）来设置相应的打印参数。

1. "打印－模型"对话框

（1）命令行：在命令行输入"PLOT"命令。

（2）菜单栏：执行"文件"→"打印"命令。

（3）快捷键：Ctrl+P。

（4）工具栏：单击 🖶 按钮。

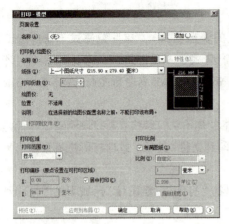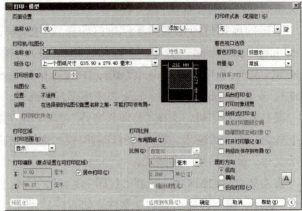

图5-18 "打印–模型" 对话框

可以通过右下角的箭头按钮，来切换显示简略或完整版的"打印–模型"对话框。

在打印图纸之前需要设置一些选项，如图纸尺寸、打印区域和打印样式表等。

（1）设置打印机/绘图仪和纸张尺寸。打印之前，无论是从模型空间打印还是布局空间打印，都必须先指定打印机（绘图仪）和纸张大小，也就是图纸尺寸。

先从"打印–模型"对话框里的"打印机/绘图仪"区域的"名称"下拉列表中选择要使用的打印机或绘图仪。

然后在"打印–模型"对话框中，从"打印机/绘图仪"区域的"纸张"下拉列表中选择要使用的纸张类型。纸张类型决定了纸张的大小。

列出的图纸尺寸取决于用户指定的打印机或绘图仪。在设置纸张之前，必须先选择打印机或绘图仪，可用打印机列表包括所有当前配置的Windows系统打印机和使用非系统驱动程序的打印机。

（2）指定打印区域。在打印时，需要指定打印区域，CAD在"打印–模型"对话框的"打印区域"区域中给出了5种打印区域选项，以供用户进行选择。

1）窗口：选择此项，将临时关闭"打印–模型"对话框，在当前窗口选择一矩形区域，然后返回对话框，打印选取的矩形区域内的内容。

2）范围：打印指定的图形范围内的内容。

3）图形界限/布局：在模型空间打印时，打印指定的图形界限内的内容。在布局空间打印时，只打印可打印区域内的实体。可打印区域的原点坐标从布局空间的（0，0）点开始计算，根据图纸大小不同确定其区域大小。

4）显示：打印当前显示的内容。

5）视图：打印以前用"VIEW"命令保存的视图。可以从提供的列表中选择命名视图。如果图形中没有已保存的视图，该选项不可用。

（3）指定打印位置。在打印之前，可以调整要打印的图形在图纸上的位置。

指定了打印机和纸张之后，即可指定图形打印在图纸上的位置。在"打印–模型"对话框的"打印偏移"区域，可通过分别设置X（水平）偏移和Y（垂直）偏移来精确控制图形的位置，也可通过设置"居中打印"，使图形打印在图纸中间。

打印偏移量是通过将标题栏的左下角与图纸的左下角重新对齐来补偿图纸的页边距。用户可以通过测量图纸边缘与打印信息之间的距离来确定打印偏移。这些偏移量通常为负值。

（4）设置打印比例。可直接在"打印－模型"对话框"打印比例"区域的"比例"下拉列表中指定输出图形的比例，也可以选择"自定义"，自行设置所需的比例，或者选择"布满空间"以便缩放图形并使其与选定的图纸尺寸匹配。

（5）指定打印样式表。在"打印样式表（笔指定）"选项的下拉列表框中选择一种打印样式表。

1）无：无打印样式表。将按照对象本身的特性设置进行打印。

2）Monochrome：将所有颜色以黑色打印。

3）新建：创建一个新的打印样式表。

（6）设置打印选项。以下打印选项可直接影响对象的打印方式。

1）后台打印：指定在后台处理打印。

2）打印对象线宽：将打印指定给对象和图层的线宽。

3）按样式打印：以指定的打印样式来打印图形。指定此选项将自动打印线宽。如果不选择此选项，将按指定给对象的特性打印对象而不是按打印样式打印。

4）最后打印图纸空间：首先打印模型空间几何图形。一般情况下先打印图纸空间几何图形，然后再打印模型空间几何图形。

5）隐藏图纸空间对象：选择此项后，打印对象时消除隐藏线，不考虑其在屏幕上的显示方式。此选项仅在布局选项卡中可用。

6）打开打印戳记：在每个图形的指定角点处放置打印戳记并/或将戳记记录到文件中。

7）"打印戳记设置"按钮：选中"打印－模型"对话框中的"打开打印戳记"选项时，将显示"打印戳记"对话框。

8）将修改保存到布局：将在"打印－模型"对话框中所做的修改保存到布局中。

（7）指定图形方向。图形方向决定了图形的打印位置是横向还是纵向。

在"打印－模型"对话框的"图形方向"区域，若选择"横向"，以图纸的长边作为图形页面的顶部定位并打印该图形文件。选择"纵向"，以图纸的短边作为图形页面的顶部定位并打印该图形文件。图形的方向主要取决于选定图纸的尺寸。同时，也可通过"反向打印"选项的选择与取消，来控制是否上下颠倒地定位图形方向并打印图形。

（8）预览。在图形打印之前使用预览框可以提前看到图形打印后的效果。这将有助于对打印的图形及时修改。如果设置了打印样式表，预览图将显示在指定的打印样式设置下的图形效果。

用户可在"打印－模型"对话框中设置了打印的相关特性后，单击"预览"按钮，直接生成预览效果。

（9）打印图形。可在"打印－模型"对话框里，设置好打印的相关参数，单击"确定"按钮，即可开始打印。

技巧提示：可选取上一次保存的打印设置来打印图形，在"页面设置"区域的"名称"列表框中选择"上一次"即可。

2. "打印样式表编辑器"对话框

在打印时，可将打印样式指定给对象或图层而不用修改图形中对象的特性。在打印样式设置中可设置对象的打印特性，包括颜色、灰度、淡显、线宽等。打印样式通过这些特性来控制对象或布局的打印方式。

打印样式表是打印样式的集合，为打印对象提供了可修改的外观设置而不需要单独地修改图形中的对象。

在"打印–模型"对话框中，选择要修改的打印样式表，然后单击"编辑"按钮，在"打印样式表编辑器"对话框中修改打印样式。对打印样式所做的修改将影响使用该打印样式的对象。

"打印样式表编辑器"对话框分为"一般""表视图"和"表格视图"三个选项卡，如图5-19所示。

图 5-19 "打印样式表编辑器"对话框

一般不用改动，详细说明可自己翻阅或查找帮助文档。

任务实施

一、资讯

将二层平面图及其相关立面图，打印输出为 PDF 文件，如图 5-20 所示。

（1）如何确定比例、添加图框？

（2）无法以纯黑色打印输出，怎么办？

二、计划与决策

组员共同识读二层平面图，如图 5-21 所示，讨论并制订打印输出 PDF 文件的步骤，填在表 5-3 中。

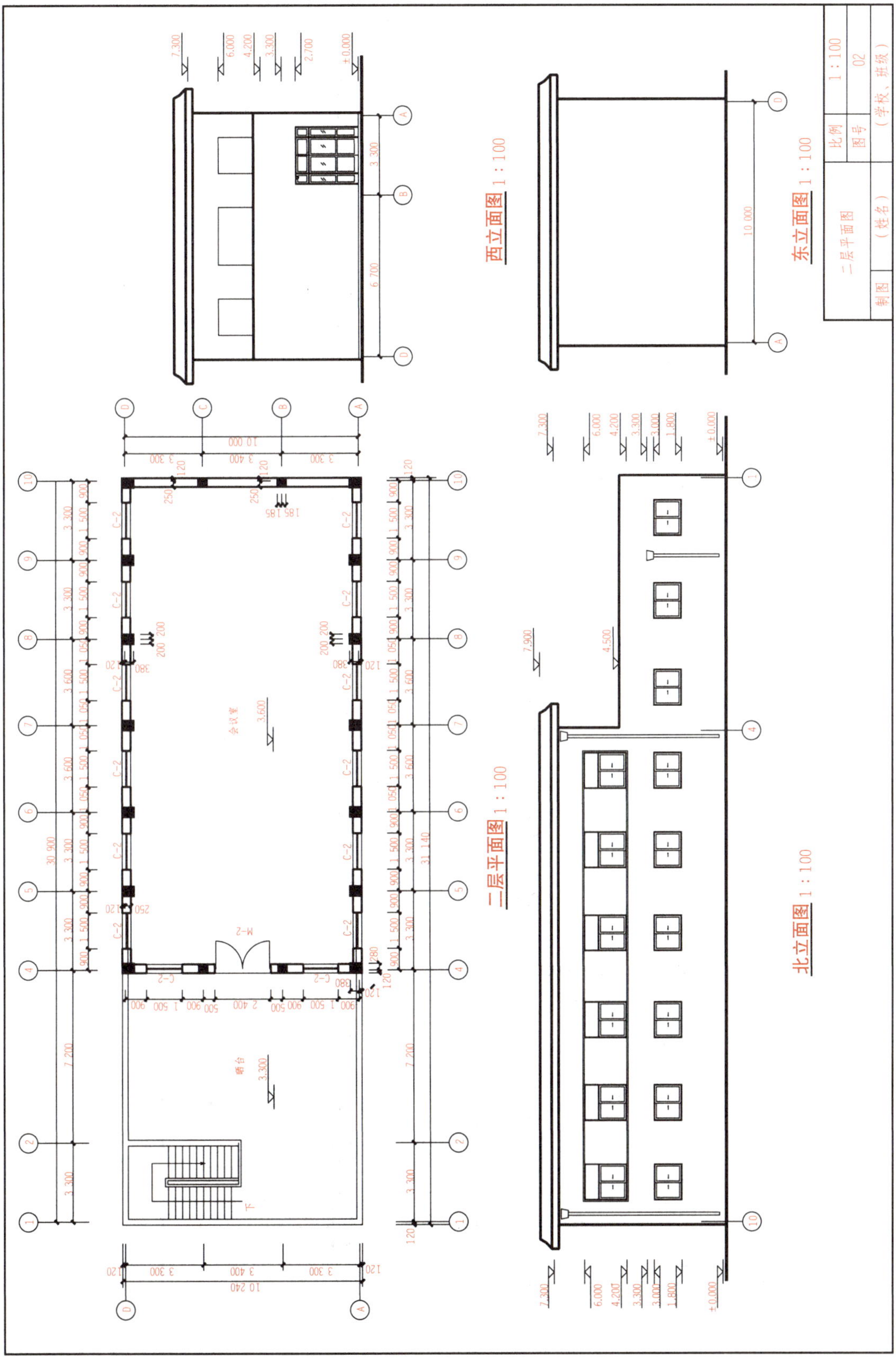

图 5-20 输出二层平面图

西立面图 1:100

东立面图 1:100

二层平面图 1:100

一层平面图 1:100

北立面图 1:100

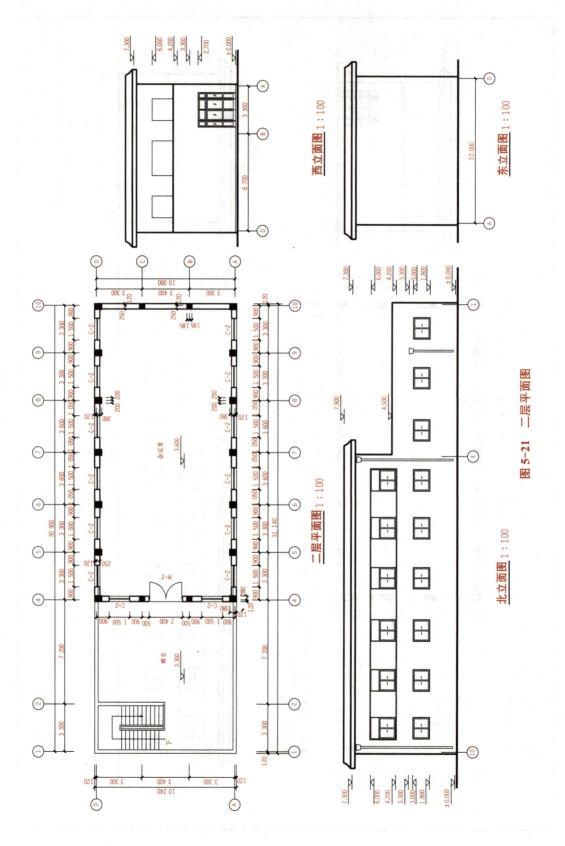

西立面图 1:100

东立面图 1:100

二层平面图 1:100

一层平面图 1:100

北立面图 1:100

图 5-21 二层平面图

表 5-3 工作计划

序号	内容	绘图准备工作	完成时间
1			
2			
3			
4			

三、实施

要进行模型空间，首先要绘制图框，选择合适打印机和纸张类型，然后设置对应的打印参数即可。

1. 打开图形文件

（1）启动中望CAD 2014软件，可双击■图标，打开中望CAD 2014软件。

（2）打开新图形文件，执行"文件"→"打开"命令，或单击"保存"按钮■，在弹出的"选择文件"对话框中找到"文件名"为"模型空间出图.dwg"的文件。单击"打开"按钮后，图形文件被打开。

2. 添加图框

（1）根据图形上显示的要求，确定1∶100的比例。然后估算大致的尺寸，选定A2的图纸。可以根据前文的图幅规范和标题栏要求，自行绘制合适的图框。也可以直接插入或导入现有的图框样板文件。这里选择打开现有的图框样板文件，复制进待打印的图形文件，如图5-22所示。

（2）执行"修改"→"缩放"命令（SC），或单击"修改"工具栏的"缩放"按钮■，选择图框，确认（按Enter键或空格键）→100→确认（按Enter键或空格键），将图框放大100倍。

（3）执行"修改"→"移动"命令（M），或单击"修改"工具栏的"缩放"按钮✛，选择图框，将图框调整位置，确保图框可以把所有的图形包含在内。

（4）双击标题栏文字，按照要求进行修改。

3. 选择打印机/绘图仪和纸张类型

（1）执行"文件"→"打印"命令（PLOT），或单击"标准"工具栏的"打印"按钮■，即可弹出"打印-模型"对话框。

（2）在"打印机/绘图仪"区域"名称"下拉列表选择"DWG To PDF.pc5"选项，就可以把CAD文件虚拟打印成PDF文件。然后在"纸张"下拉列表里选择"ISO A2（594.00×420.00毫米）"选项，如图5-23所示。

4. 修改页边距

（1）在"打印机/绘图仪"区域单击"特性"按钮，即可弹出"绘图仪配置编辑器"对话框。在该对话框"设备和文档设置"选项卡下，单击"修改标准图纸尺寸（可打印区域）"，然后在下方的"修改标准图纸尺寸"下拉列表中，找到"ISO A2（594.00×420.00毫米）"选项，再单击"修改"按钮，即可弹出"自定义图纸尺寸-可打印区域"对话框，如图5-24所示。

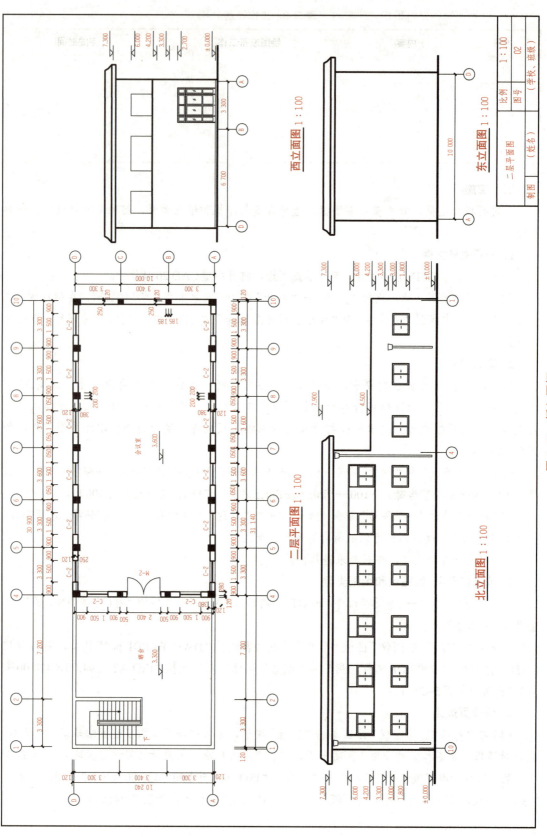

图 5-22 插入图框

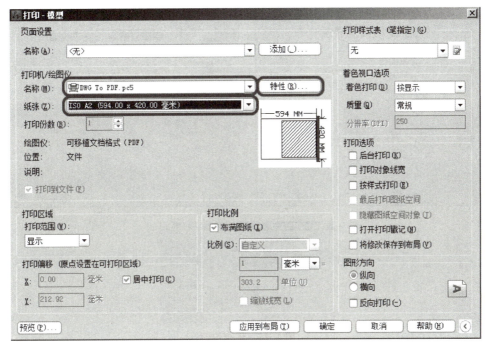

图 5-23　选择打印机 / 绘图仪和纸张类型

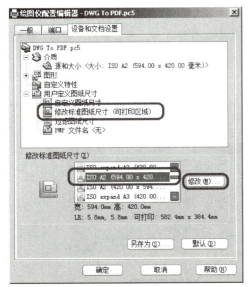

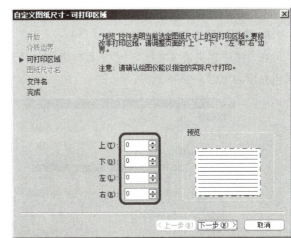

图 5-24　修改页边距

（2）在"自定义图纸尺寸–可打印区域"对话框中，将上下左右的页面边界都调整为0，单击"下一步"按钮。在"自定义图纸尺寸–文件名"对话框中，可以直接单击"下一步"按钮；如果文件名重复，可修改文件名后，再进行下一步操作。接下来在"自定义图纸尺寸–完成"对话框中，直接单击"完成"按钮，返回"绘图仪配置编辑器"对话框，再单击"确定"按钮。在弹出的"修改打印机配置文件"对话框中选择"将修改保存到下列文件"选项，单击"确定"按钮，结束页边距的修改，如图5-25所示。

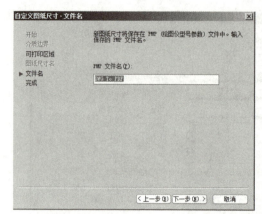
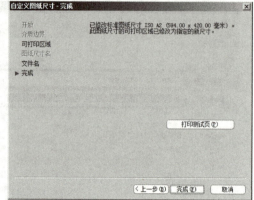
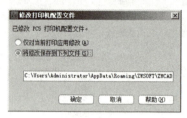

图 5-25　保存设定

5. 选择打印范围

在"打印区域"区域中，在"打印范围"下拉列表中，选择"窗口"选项，再单击"窗口"按钮，如图5-26所示，将进入模型工作区，依次捕捉选择图框的两个对角点，然后返回"打印-模型"对话框，完成打印区域的选择。

6. 选择打印样式表

在"打印样式表（笔指定）"下拉列表中，选择"Monochrome.ctb"选项，将所有的颜色以黑色打印，如图5-26所示。

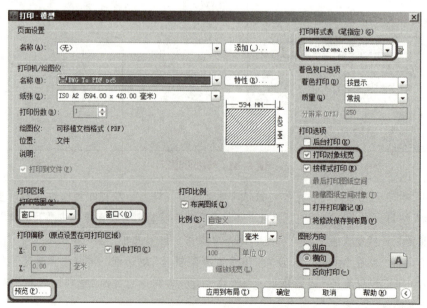

图 5-26　设定打印样式表和打印选项

7. 设置打印选项和图形方向

最后的调整，视情况在"打印选项"区域，勾选"打印对象线宽"复选框；在"图形方向"区域，选择"横向"选项，如图5-26所示。

8. 打印预览和保存文件

（1）在"打印－模型"对话框里中单击"预览"按钮，进入打印预览界面。在这个界面中，CAD模拟打印出图，可以检查是否符合预期、是否需要修改。如果一切正常，应如图5-26、图5-27所示。

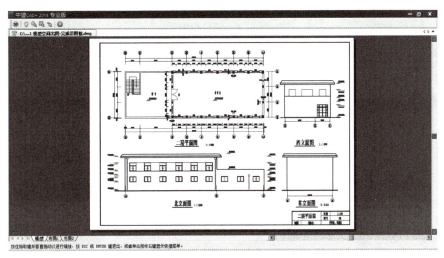

图 5-27　打印预览

（2）无论是否需要修改，都可以按Esc键，或单击"关闭预览窗口"按钮❌，退出预览界面，返回"打印－模型"对话框。可以修改打印参数，或进行下一步操作。

（3）在"打印－模型"对话框中单击"确定"按钮，进入"浏览打印文件"对话框。浏览需要保存文件的路径，输入指定的文件名，再单击"保存"按钮，就可以保存文件了，如图5-28所示。

图 5-28　保存 PDF 文件

9. 扫描二维码观看操作视频

模型空间出图

四、评价与总结

任务完成后进行自我评价和小组评价并认真书写任务总结，最后交由教师评价（表5-4）。

表5-4　评分标准

评价指标	评价内容	分值	自评	组评	师评
线上自学 （20分）	能够自学线上资源	5			
	完成课前自测	5			
	完成课前讨论	5			
	完成课后自测	5			
知识目标 能力目标 完成情况 （60分）	打开图形文件	5			
	添加图框	10			
	选择打印机/绘图仪和纸张类型	10			
	修改页边距	5			
	选择打印范围	5			
	选择打印样式表	5			
	设置打印选项和图形方向	10			
	打印预览和保存文件	10			
素质目标 达成情况 （20分）	制图标准习惯养成	5			
	小组协作、交流表达能力	5			
	自主学习解决问题的能力	5			
	大胆尝试、勇于创新的能力	5			
	合计				
总结	1. 描述本任务新学习的内容。 2. 总结在任务实施中遇到的困难及解决措施。 3. 总结本任务学习的收获				

一、判断题

1. A3 图纸的大小是 420 mm×297 mm。　　　　　　　　　　　　　　　　（　　　）

2. 在"打印样式表（笔指定）"选择"Monochrome"，就将所有颜色以黑色打印。（　　　）

二、多选题

1. 可以弹出"打印"对话框的命令是（　　　）。

    A. 命令行：在命令行输入"PLOT"命令

    B. 菜单栏：执行"文件"→"打印"命令

    C. 快捷键：Ctrl+P

    D. 工具栏：单击🖨按钮

2. 在中望CAD 2014中，（　　　）命令可以用于打印出图。

    A. 打印　　　　　　　　　　　　　　B. 批处理打印

    C. 输出 PDF　　　　　　　　　　　　D. 插入到 Word

3. 在中望CAD 2014中，下列可以用于调整打印出图的布局的方法是（　　　）。

    A. 使用布局向导　　　　　　　　　　B. 调整打印区域

    C. 调整打印比例　　　　　　　　　　D. 调整图形方向

4. 在中望CAD 2014中，下列可以用于优化打印出图的效果的技巧是（　　　）。

    A. 使用打印样式表　　　　　　　　　B. 调整线条宽度和颜色

    C. 预览打印效果　　　　　　　　　　D. 使用图层和对象属性控制打印效果

任务二　在图纸空间中利用布局打印出图

课前准备

预习本任务内容，回答下列问题。

引导问题1： 请仔细观察，同一张图纸上的比例是否都是一致的？

引导问题2： 如何在同一张图纸上，设置不同图形的出图比例？

一、模型空间和图纸空间

中望CAD 2014窗口提供了"模型"选项卡和"布局"选项卡这两个并行的工作环境（图5-29）。用户可以在"模型"选项卡上绘制CAD图形。在"布局"选项卡布置模型的多个"幻灯片"。

图 5-29　"模型"和"布局"选项卡

"模型"选项卡的绘图区域无限大。可以1∶1的比例在模型空间绘图，同时，可决定绘图的尺寸单位，或公制单位（用于机械、建筑），或英制单位（用于支架）。

在"布局"选项卡中可以访问虚拟图纸。设置布局时，可显示为所使用图纸的尺寸。布局代表图纸。布局空间也称为图纸空间。

模型空间一般用来设计图形、创建和编辑图形等大部分的工作。而打印的准备工作通常是在图纸空间进行的。因为布局和准备图形打印的环境在视觉上接近于最终的打印结果。启动CAD时，将默认打开模型空间进行操作。用户在模型空间中创建和编辑基于世界坐标系（WCS）或用户坐标系（UCS）的二维及三维对象。可利用"模型"选项卡在模型空间进行浏览并工作。

CAD提供的附加工作区域称为图纸空间，其内容可表示图纸页面的显示。用户在布局空间中调配设计模型的方式类似于在"模型"空间中创建和排列不同视图。图纸空间是当用户切换到"布局"选项卡的时候使用的，在布局空间中创建的每个视图或布局视口都是用户在模型空间中绘制的图形的其中一个窗口，可以创建单个视口，也可以创建多个视口。可将布局视图放置在屏幕上的任意位置，视口边框可以是可接触的，也可以是不可接触的，多个视口中的图形可以同时打印。布局空间并不是打印图纸必需的设置，但是它为设计图形的打印提供了很多便捷之处。

以不同的布局存储方式设置的打印方式可以打印同一图形，如打印设置文件、打印样式表、线宽设置、图形比例等。

在单独的布局中可创建多个布局视口，将同一个图形中的不同部位连同整个图形在同一张图纸上打印出来。

用户可通过直接单击选项卡来切换模型空间与图纸空间，也可在当前布局选项卡上创建视口以在"模型"选项卡上获取模型空间，对图形进行编辑。若图形不需要打印多个视口，可以直接从"模型"选项卡中打印图形。

若要对图形进行相关的打印设置，可使用"布局"选项卡。每个布局选项卡都将提供一个图纸空间，在这种绘图环境中，可以创建视口并指定如纸张大小、图形方向及位置之类的页面设置，并与布局一起保存。为布局指定页面设置时，可以保存并命名页面设置。保存的页面设置可以应用到其他布局中。也可以根据现有的布局样板（DWT或DWG）文件创建新的布局。

二、布局的设置

布局可模拟图纸页面的显示，一个布局就如同一张可以使用各种比例显示一个或多个模型视图的图纸。

当图形在"模型"选项卡中创建完成后，可以切换到"布局"选项卡创建要打印的布局，并对布局进行相应的设置，如纸张大小、图形方向等。

可通过在"布局"选项卡上单击鼠标右键，在弹出的快捷菜单中选择"新建布局"命令来创建新的布局，如图5-30所示；或从样板图形中输入布局，以后再对该布局的设置进行修改。

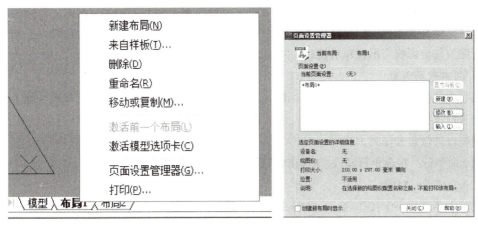

图 5-30　页码设置管理器

在"布局"选项卡上单击鼠标右键，在弹出的快捷菜单中选择"页面设置管理器"命令，即可弹出"页面设置管理器"对话框，在该对话框中单击"修改"按钮，如图5-30所示，弹出"页面设置-布局"对话框，进行布局的页面设置。也可以直接在"布局"选项卡上单击鼠标右键，选择"打印"命令，弹出"打印-布局"对话框，同样也可以进行打印前的布局设置，如图5-31所示。

其实这两个对话框是大同小异的，基本都是前文"打印-模型"对话框的翻版，因此，其作用和功能及操作方法，这里不再赘述。

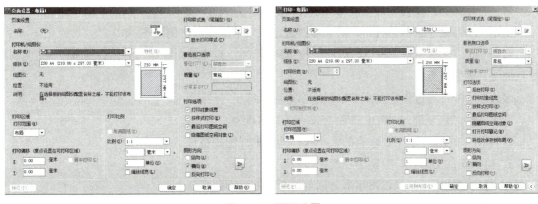

图 5-31　页面设置

指定布局页面设置的流程，大致就是设置打印设备、纸张大小、打印区域（布局）、打印比例、打印样式表和图形方向等。

三、视口

在图纸空间，布局相当于放置了待打印的纸张，布局可模拟图纸页面的显示。在图纸上显示模型空间绘制的图形，就需要添加一个或若干个视口。

一个布局就如同一张图纸，可以使用各种比例显示一个或多个模型视图。

在"布局"选项卡上时，必须在布局中创建至少一个视口将模型空间的图形显示出来。每个视口的功能就像模型空间的一个窗口，可单独对每个视口中的对象进行移动、复制或删除。

单击某个布局视口将其置为当前，然后添加或修改模型空间中创建的对象。所做的每一步修改都将立即在其他视口中显示出来（其他视口必须调整到修改的部位可见的状态）。对当前视口进行缩放仅会影响当前操作的视口，其他的视口不会有改变。

1. 创建布局视口

第一次从模型空间切换到布局空间时，屏幕上无任何图形显示，必须在布局空间中创建至少一个视口才能看到模型空间的图形。可以在绘图区域任何位置处指定一个区域创建多个视口，可控制视口的数量和排列方式。

（1）命令行：在命令行输入"MVIEW"命令。

（2）快捷键：MV。

执行上述其中一个操作后，命令行出现以下信息：

> 指定视口的角点或［开（ON）/关（OFF）/布满（F）/着色打印（S）/锁定（L）/对象（O）/多边形（P）/恢复（R）/2/3/4］<布满>：指定一个点，或输入选项，或按Enter键

以上各选项含义和功能说明如下。

视口的角点：为矩形视口指定一个角点。

开（ON）：将选定的视口激活，使其成为活动视口。

关（OFF）：使选定的视口处于非活动状态，不能显示模型空间中绘制的对象。

布满（F）：创建视口，该视口从布局的图纸页边距边缘开始布满整个布局显示区域。

着色打印（S）：设置布局空间中确定视口的打印方式。

锁定（L）：锁定选取的视口，禁止修改选定视口中的缩放比例因子。

对象（O）：选择要剪切视口的对象以转换到视口中，这里的对象可以是闭合的多段线、椭圆、样条曲线、面域或圆。

多边形（P）：通过指定多个点来创建多边形视口。

恢复（R）：恢复通过VPORTS命令保存的视口配置。

2：创建一个包含水平或垂直的大小相等的两个视图的视口。

3：将指定的矩形视口分割为三个视口。

4：将指定的矩形视口以田字形分割为四个相等大小的视口。

技巧提示：在创建布局视口时，将在当前图层创建布局视口的边界。在建立视口之前创建一个新图层，然后关闭图层，这样边框将不可见。要选中布局视口的边框，必须在排列和修改视口之前将边框所在的图层打开。

通过以下命令，同样也能创建视口。

（1）命令行：在命令行输入"VPORTS"或"_VPORTS"命令。

（2）菜单栏：执行"视图"→"视口"→"新建视口"命令，如图5-32所示。

（3）工具栏：单击"视口"工具栏的→"显示'视口对话框'"按钮，如图5-32所示。

输入"VPORTS"命令，或选择菜单栏命令或单击工具栏按钮，即可弹出"视口"对话框，如图5-33所示。

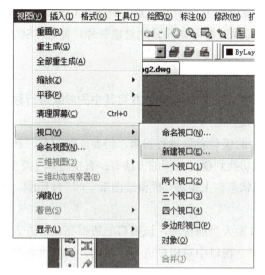

图 5-32　新建视口

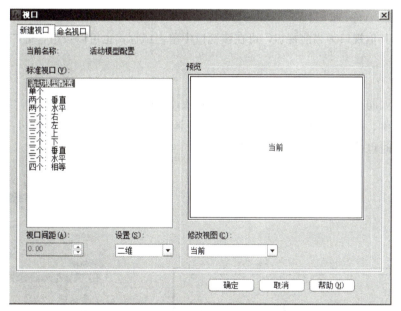

图 5-33　"视口"对话框

输入"_VPORTS"命令，命令行出现以下信息：

指定视口的角点或［开（ON）/关（OFF）/布满（F）/着色打印（S）/锁定（L）/对象（O）/多边形（P）/恢复（R）/2/3/4］<布满>：指定一个点，或输入选项，或按Enter键

这与"MVIEW"命令基本一致，请参照前文的描述，不做赘述。

技巧提示："MVIEW"命令只能用于控制图纸空间的视口的创建与显示。而"VPORTS"命令可在图纸空间（"布局"选项卡）和模型空间（"模型"选项卡）设置或创建多个不同的布局视口。

2. 布局视口的放置

在创建布局视口时，可以选择布满整个布局，也可以在布局中指定某一矩形区域进行布局视口的创建。还可选择布局视口，利用该视口边框上显示的夹点，调整视口的大小。使用"MOVE"命令可移动视口位置。同时，每个布局视口都可如同其他对象一样，使用"SCALE"命令可缩放视口，改变视口的尺寸，同时对视图的比例无影响。

3. 布局视口的使用

在布局选项卡中创建多个布局视口，查看模型空间中的对象，并对其中的对象进行移动和缩放等操作。创建的多个布局视口可以相互重叠或分离。

可在布局中切换进入模型空间对布局视口中的模型对象进行编辑。但要注意的是，在图纸空间中排列布局时，不能编辑模型。从图纸空间切换到模型空间的方法有：直接选择"模型"选项卡进入模型空间；在布局视口内双击鼠标；在状态栏上单击"模型或图纸空间"按钮 ▣，如图5-34所示。

在布局视口内双击鼠标后，即将该布局视口置为当前视图，该视口的边框亮显，进入模型空间，可以对模型进行修改或编辑。但只要在一个视口中对模型进行了修改，该修改效果将在所有图纸空间视口中显示。

如果需要退出当前视口，可以在视口外任意空白工作区双击，或单击状态栏上的"模型或图纸空间"按钮。

若要选择其他视口为当前视口，可在该视口中单击鼠标，也可以按组合键CTRL+R循环激活现有视口。

4. 布局视口的特性修改

布局视口如同其他对象一样，都是CAD的对象，其边界同样具有对象特性，如图层、颜色、线型、线型比例、线宽（图5-35）。同时，视口还具有比例特性。这些特性都可在"特性"选项板中显示，同时也可以在其中修改视口的特性。

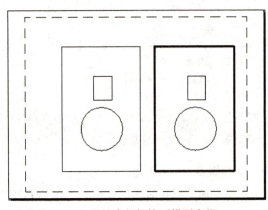

图 5-34　图纸空间切换到模型空间

图 5-35　对象特性

视口一般都处于创建视口时的当前图层上，以控制其边界的可见性。用户可以在"图层特性管理器"中选择冻结或设置图层的"打印"特性，以便不打印视口边界。如果视口边界的可见性与视口内容位于不同图层，则它们不相关联。

在布局选项卡的图纸空间中，单击要修改其特性的视口的边界，然后执行以下命令：

（1）命令行：在命令行输入"PROPERTIES"命令。

（2）菜单栏：选择"工具"→"对象特性管理器"或者执行"修改"→"特性"命令。

（3）工具栏：单击"标准"→"特性"按钮图。

（4）右键菜单：选择"特性"命令。

（5）快捷键：Ctrl+1。

在"特性"选项板中选择要修改的特性的值，然后输入新值，或者从提供的列表中选择新的设置。

技巧提示：*布局视口的修改必须在"布局"标签项中进行，如果指定了模型选项卡中的视口，则选定的视口只能处于活动状态，而非修改状态。*

（1）布局视口的可见性：新创建的布局视口默认情况下处于打开状态。在未选择关闭之前，将一直保持打开状态。用户可在"特性"选项板中修改视口的打开与关闭，以关闭部分视口或限制活动视口数量来节省时间，如图5-36所示。

（2）布局视口比例的锁定：在创建布局视口时，可能需要在某些视口中应用其他比例，以显示不同层次的细节。设置视口比例后，如果对视口进行缩放，将同时改变视口比例。可考虑先锁定视口的比例，这样在进行缩放操作查看不同层次的细节时可以保持视口比例不变。

锁定视口比例将锁定选定视口中设置的比例，如图5-37所示。锁定比例后，可以继续修改当前视口中的几何图形而不影响视口比例。如果打开视口比例锁定，则如同VPOINT、PLAN和VIEW等大多数查看命令在该视口中将不可用。

图 5-36　视口的可见性

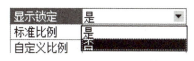

图 5-37　视口比例的锁定

（3）布局视口比例的修改：可通过"特性"选项板上的"标准比例"设置视口的打印比例，确定每个视图相对于图纸空间的比例，即可精确地、一致地缩放每一个显示视图，如图5-38所示。对布局视口的边界进行缩放或拉伸操作，不会改变视口中视图的比例。

图 5-38　修改视口的比例

在布局中工作时，比例因子代表显示在视口中的模型的实际尺寸与布局尺寸的比率。图纸空间单位除以模型空间单位即可以得到此比率。例如，对于1/100比例的图形，该比率就是一个图纸空间单位相当于100个模型空间单位的比例因子（1：100）。

修改视口的打印比例除修改"特性"选项板上的"标准比例"外，还可通过"ZOOM"命令或"视口"工具栏更改视口的打印比例。

除标准比例外，也可以直接输入非标准的"自定义比例"。

5. 布局视口中图层的可见性修改

可以分别在每个布局视口中控制图层的可见性，还可以为新视口和新图层指定默认可见性设置。

在布局视口内双击，将其置为当前。在"格式"菜单中单击"图层"。在"图层特性管理器"中选择要冻结或解冻的图层。按住Ctrl键可用选择多个图层。按住Shift键可以选择一系列图层。在"当前视口冻结"列中单击某个选定图层的图标。最后，单击"确定"按钮完成，如图5-39所示。

图 5-39　视口图层的可见性

可以在当前布局视口中冻结或解冻其中的图层而不影响其他视口。冻结的图层是不可见的。它们不能被重生成或打印。冻结图层可控制对象的显示，如用于仅在特定视口中显示标注和注释，如图5-40所示。

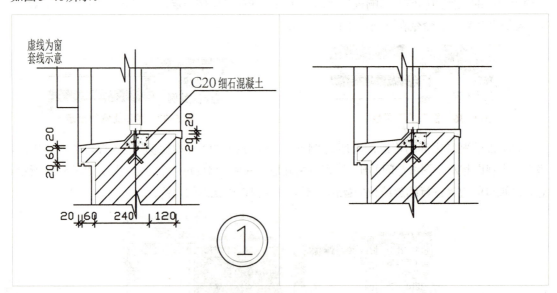

图 5-40　不同视口的冻结可见性

图层被冻结后，该视口中这个图层将不可见。解冻图层可以恢复其可见性。用户可在"图层特性管理器"中，通过选中"视口冻结"图标直接控制当前视口中图层的冻结与否。

任务实施

一、资讯

将屋顶平面图、楼梯平面图及其相关剖面图，打印输出为 PDF 文件，如图 5-41 所示。

（1）模型空间和图纸空间的区别与联系是什么？

（2）需要打印输出的图形位置错乱、比例不一致，怎么办？

二、计划与决策

组员共同识读屋顶平面图，如图 5-42 所示，讨论并制订打印输出的工作计划，填在表 5-5 中。

表 5-5　工作计划

序号	内容	绘图准备工作	完成时间
1			
2			
3			
4			

三、实施

按决策的内容实施打印出图工作，因为有不同比例的存在，决定使用图纸空间，创建视口，来打印出图。还是采用 A2 的图纸。

1. 打开图形文件

（1）启动中望 CAD 2014 软件，可双击 ![图标] 图标，打开中望 CAD 2014 软件。

（2）打开新图形文件，执行"文件"→"打开"命令，或单击"保存"按钮 ![按钮]，在弹出的"选择文件"对话框中找到"文件名"为"图纸空间出图 .dwg"的文件。单击"打开"按钮后，图形文件被打开。

2. 布局的页面设置

（1）选择"布局 1"选项卡，进入布局的图纸空间。

（2）选择布局中原有的视口，将其删除。

（3）在"布局 1"选项卡上单击鼠标右键，在弹出的快捷菜单中选择"页面设置管理器"命令，即可弹出"页面设置管理器"对话框，如图 5-43 所示。

（4）单击"修改"按钮，弹出"页面设置-布局 1"对话框。参照上一个实训项目，进行页面设置。分别制定打印机名称（DWG To PDF.pc5）、纸张 [ISO A2（594.00×420.00 毫米）]、页边距为 0、打印区域（选"布局"）、打印样式表（Monochrome.ctb）、打印选项和图形方向（横向），如图 5-44 所示。然后单击"确定"按钮。

· **221** ·

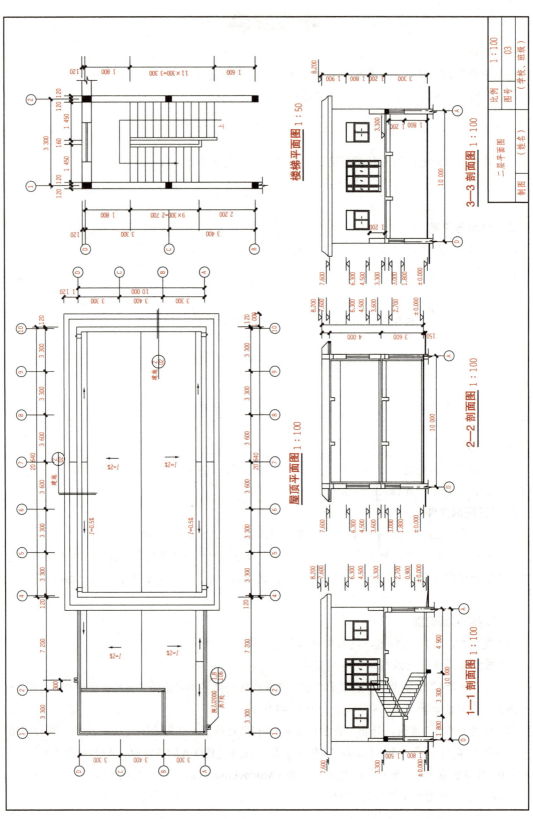

图 5-41　屋顶平面图出图

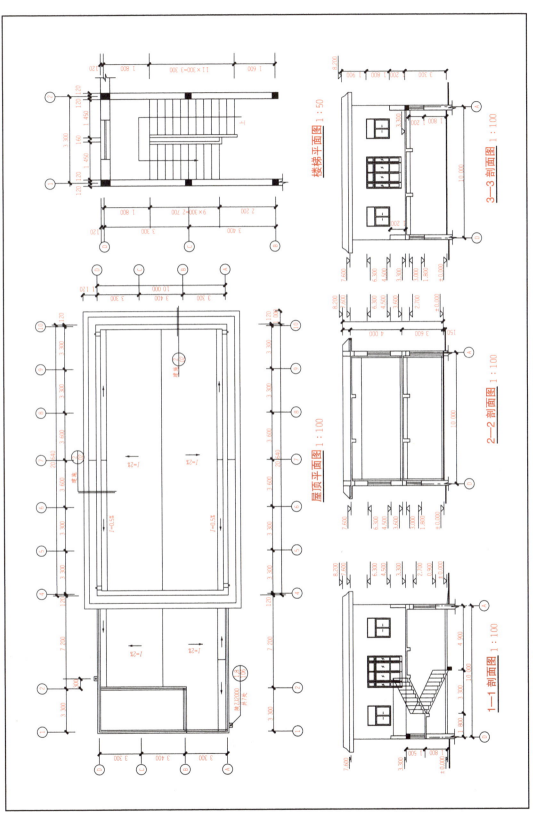

楼梯平面图 1:50

3—3 剖面图 1:100

2—2 剖面图 1:100

屋顶平面图 1:100

1—1 剖面图 1:100

图 5-42 屋顶平面图

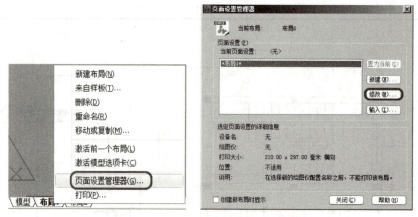

图 5-43 "页面设置管理器"对话框

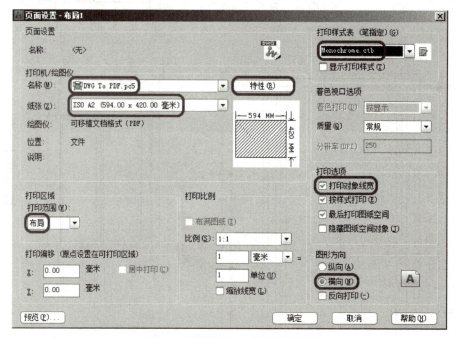

图 5-44 "页面设置 - 布局"对话框

（5）在"页面设置管理器"对话框中，单击"关闭"按钮退出。

3．添加图框

（1）本案例选择打开现有的图框样板文件，将现有的A2图框，复制进刚刚设置好的布局图纸空间中。左下角点对齐到（0，0）。

（2）修改右下角标题栏里文字信息，如图5-45所示。

4．添加视口

（1）添加新的图层"视口"，并置为当前，如图5-46所示。

（2）执行"MVIEW"命令或"VPORTS"命令，创建一个新的视口。利用鼠标和键盘，捕捉和输入视口的两个对角点。在本案例中，该视口可直接输入长400，高234。如果是其他案例，视口大小都是需要调整的。

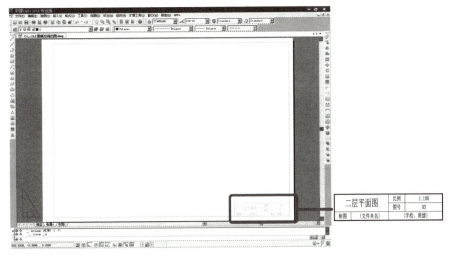

图 5-45　添加图框

图 5-46　添加视口图层

命令：MV

指定视口的角点或[开(ON)/关(OFF)/布满(F)/着色打印(S)/锁定(L)/对象(O)/多边形(P)/恢复(R)/2/3/4]<布满>: //捕捉图框内边线的左上角点

指定对角点：@400, -234

然后，继续执行两次创建视口命令，用鼠标捕捉角点，共创建三个视口，如图5-47所示。

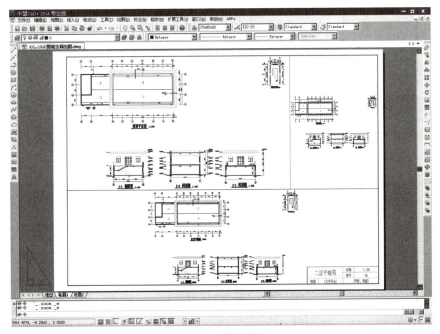

图 5-47　添加视口

5. 调整每个视口的比例和显示位置

（1）双击左上角视口，进入激活该视口，此时该视口边框加粗高亮。在"视口"工具栏"比例"下拉列表中单击"1∶100"选项，将此视口的比例设定为1∶100，如图5-48所示。

（2）按住鼠标中键滚轮，在视口内平移图形，将屋顶平面图移动到合适的位置，如图5-49所示。注意，此时不能再滚动鼠标滚轮，以免造成视口内显示比例变化。如果比例发生变动，请重复上一步。

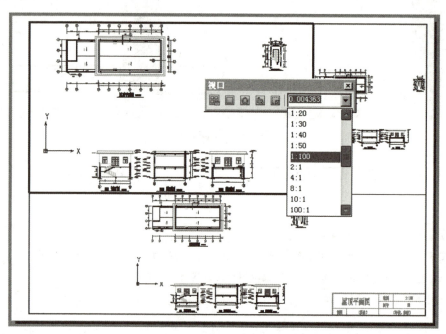

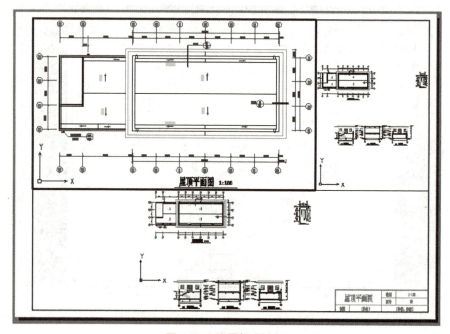

图 5-48　设置视口比例

（3）双击视口外任意空白工作区，退出视口，返回布局的图纸空间。

（4）重复以上（1）～（3）步骤，再次分别调整右上角和下方的视口。注意，右上角的视口设定比例为1：50；而下方的视口的比例是1：100。

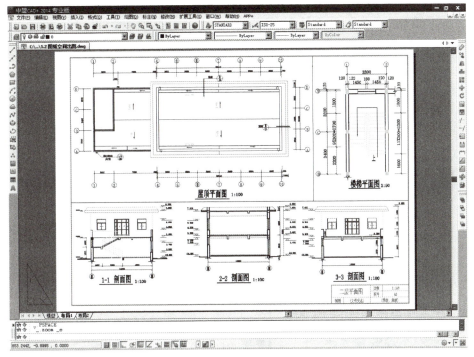

图 5-49　调整位置

6. 将"视口"图层冻结或关闭打印

将当前图层切换到任意其他图层，然后在"图层"工具栏的"图层控制"下拉列表中单击"视口"图层的冻结开关，将此图层冻结，如图5-50所示。此时，视口图层上的所有视口的边界线，都不会在布局空间中显示，也不会被打印。

也可以在"图层特性管理器"对话框中找到

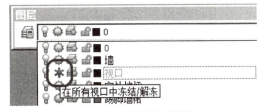

图 5-50　冻结视口图层

"视口"图层，然后单击"打印"开关，关闭其打印输出的能力。但是此时，在布局空间内，视口的边界线依然保持可见状态。

以上冻结或关闭打印，两种方法任选其一即可。

7. 打印预览和保存文件

（1）在布局的图纸空间里，执行"文件"→"打印"命令（PLOT），或单击"标准"工具栏中的"打印"按钮，或在"布局1"选项卡上右击，在弹出的快捷菜单中选择"打印"命令，即可弹出"打印－布局1"对话框。可以单击"预览"按钮，进入打印预览界面，如图5-51所示。此处的操作和上一个实训项目相同，可以直接参考上一个项目的相关说明。

（2）在"打印－布局1"对话框中单击"确定"按钮，进入"浏览打印文件"对话框。浏览需要保存文件的路径，输入指定的文件名，再单击"保存"按钮，就可以保存文件了，如图5-52所示。

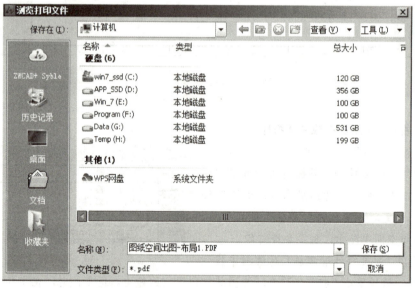

图 5-51　准备打印

图 5-52　指定保存 PDF 的路径

8. 扫描二维码观看具体操作的视频

图纸空间出图

四、评价与总结

任务完成后进行自我评价和小组评价并认真书写任务总结，最后交由教师评价（表5-6）。

表 5-6　评分标准

评价指标	评价内容	分值	自评	组评	师评
线上自学 （20分）	能够自学线上资源	5			
	完成课前自测	5			
	完成课前讨论	5			
	完成课后自测	5			
知识目标 能力目标 完成情况 （60分）	打开图形文件	5			
	布局的页面设置	5			
	添加图框	10			
	添加视口	10			
	调整每个视口的比例和显示位置	15			
	将"视口"图层冻结或关闭打印	10			
	打印预览和保存文件	5			
素质目标 达成情况 （20分）	制图标准习惯养成	5			
	小组协作、交流表达能力	5			
	自主学习解决问题的能力	5			
	大胆尝试、勇于创新的能力	5			
合计					
总结	1. 描述本任务新学习的内容。 2. 总结在任务实施中遇到的困难及解决措施。 3. 总结本任务学习的收获				

课后任务

一、单选题

1. 在图纸上显示模型空间绘制的图形，就需要添加一个或若干个（　　）。

　A. 视口　　　　　　B. 视图　　　　　　C. 视窗　　　　　　D. 图框

2. 只能在布局空间添加视口的命令是（　　）。

　A. MV　　　　　　B. VPORTS　　　　　C. PROPERTIES　　D. PLOT

3. 对（　　）执行冻结或设置的"打印"特性，以便不打印视口边界。

　A. 0层　　　　　　B. 当前层　　　　　C. 视口所在的层　　D. 定义点层

二、判断题

1. "MVIEW" 命令和 "VPORTS" 命令功能是一样的。　　　　　　　　　　（　　）
2. 1 : 50和1 : 100都是常见的图纸比例。　　　　　　　　　　　　　　　（　　）

任务三　CAD与其他文件格式的数据交换

◎ 课前准备

预习本任务内容，回答下列问题。

引导问题1：请仔细思考，CAD能否导入其他格式的文件？

_____

_____

引导问题2：CAD要如何导出其他格式的文件？

_____

_____

◎ 知识链接

■ 一、输入其他格式的数据

以指定格式打开并使用其他应用程序生成的图形或图像。对于DXF格式与WMF格式，中望CAD 2014可支持互相转换。在转换时，可以使用与每个文件类型相关的命令来转换格式，也可以通过打开或输入文件来转换它。

中望CAD 2014程序可输入的文件格式分别为DXF、DWG、DWT、SAT、WMF，其中DWG、DXF、DWT这三种文件格式可通过"打开"功能输入。DXF代表图形交换格式；DWG代表标准图形文件；DWT格式代表模板图形文件。另外的SAT与WMF文件需要使用相关的命令来输入。

另外，CAD支持导入光栅图像。光栅图像由一些称为像素的小方块或点的矩形栅格组成。也正因为光栅图像是由多个矩形栅格组成，所以与许多其他图形对象一样，可对光栅图像进行复制、移动或剪裁等操作。用户可在选取图像后，通过图像上的夹点，拖曳改变图像的位置和大小。还可通过"修改"→"对象"→"图像"菜单命令调整图像的对比度、透明度、图像质量以及图像边框的可见性。

中望CAD 2014支持的图像文件格式包含了计算机图形、文档管理、工程、贴图和地理信息系统（GIS）等大多数日常使用的格式。可以支持两色图、8位灰度图、8位彩色图或24位彩色图的图像文件。

在插入光栅图像时，图像的格式是根据文件的内容来判断的，而不是扩展名。

表5-7是系统所支持的所有图像文件格式列表。

表 5-7　CAD 支持的图像格式列表

类型	说明及版本	文件扩展名
BMP	Windows 和OS/2 位图格式	.bmp
ECW	使用小波压缩的栅格数据格式	.ecw
JFIF or JPEG	联合图像专家组	.jpg或.jpeg
PCX	PC Paintbrush位图图像文件	.pcx
PNG	便携网络图形	.png
TGA	基于真彩色光栅图像的数据格式	.tga
TIFF	标记图像文件格式	.tif或.tiff
GIF	图像交换格式	.gif

■ 二、输出其他格式的数据

将中望CAD 2014图形以其他格式输出并转换为其他格式。中望CAD 2014支持的输出文件格式包括WMF、DXF、BMP、DWG、DWT、PDF、EPS、DWF、SAT。

（1）WMF。可使用"WMFOUT"命令或"EXPORT"命令将图形文件以图元文件（.wmf）格式输出。WMF格式为Windows图元文件格式，包含矢量图形或光栅图像格式。一般只在矢量图形中创建WMF文件。矢量格式与其他格式相比，能实现更快的平移和缩放。

（2）DXF。DXF为图形交换文件格式。DXF文件是一个包含图形信息的文本文件，其他的CAD系统可以读取该文件中的信息。如果其他人正使用能够识别DXF文件的CAD程序，那么以DXF格式保存图形就可以共享该图形。

用户可通过"保存"或"另存为"功能将文件输出为DXF文件，在保存时，可通过对话框中的"工具"按钮执行"选项"功能，选择DXF格式的形式，DXF文件可使用ASCII格式或二进制格式保存该图形，同时指定精确的小数位数，控制DXF格式的浮点精度最多可达16位小数。还可通过勾选"选择对象"复选框，将图形中的部分对象保存为DXF文件。

（3）BMP。BMP为点阵图形文件格式，属于光栅图像格式。当对象（包括着色视口和渲染视口中的对象）出现在屏幕上时即显示在光栅图像中。

通过"EXPORT"命令，可以将整个图形或其中的部分对象输出到与设备无关的光栅图像中。

（4）DWG。DWG是CAD软件支持的标准图形文件格式。

（5）DWT。用户可通过"保存"或"另存为"功能将文件输出为DWT图形样板文件。

输出文件为BMP文件：执行"文件"→"输出"命令，或者在命令行输入"EXPORT"；在"输出数据"对话框中的文件类型下，选择".bmp"文件格式；指定保存路径以及想要创建的文件名称；

单击"保存"按钮；选择要保存的对象，并按Enter键完成选择。

（6）PDF。可通过"PLOT"命令将图形输出为PDF可移植文件。

PDF文件可以实现图形在Adobe Acrobat Reader中进行浏览的功能，而且该阅读器是可以免费下载的。PDF文件也可在Adobe Acrobat软件中浏览、回顾及编辑。

输出图形为PDF文件：执行"文件"→"打印"命令，即可弹出"打印"对话框，或者在命令行输入"PLOT"；在"打印机/绘图仪"的"名称"下拉列表中选择"DWGToPDF.pc5"；单击"确定"按钮，关闭"打印"对话框；在弹出的"浏览打印文件"对话框中指定保存路径及保存的文件名；单击"保存"按钮。

（7）EPS。EPS格式为封装的PostScript文件，可通过"PLOT"命令将图形输出为EPS文件。

（8）DWF。可以使用"DWFOUT"或"PLOT"命令将中望CAD图形以Web图形格式（DWF）文件输出。DWF文件是二维矢量文件，使用这种格式可很方便地在Web或Intranet网络上发布中望CAD图形。

（9）SAT。可使用"ACISOUT"命令将图形中的实体、面域或ACIS体以SAT文件格式输出。这些实体、面域或ACIS体可包括修剪过的NURBS曲面、面域和三维实体的ShapeManager对象。

输出ACIS文件：执行"文件"→"输出"命令，或者在命令行输入"EXPORT"；选择想要保存的ACIS对象；指定保存路径以及想要创建的文件名称；单击"保存"按钮。

任务实施

一、资讯

将屋顶平面图的光栅图像文件导入空白CAD文件中。打开二层平面图，导出成BMP光栅图像文件，如图5-53所示。

（1）CAD导入和导出的区别与联系是什么？

（2）CAD与其他程序交换文件格式的目的是什么？

二、计划与决策

组员共同识读屋顶平面图和二层平面图，如图5-53所示，讨论导入导出的工作计划，填在表5-8中。

表5-8 工作计划

序号	内容	绘图准备工作	完成时间
1			
2			
3			
4			

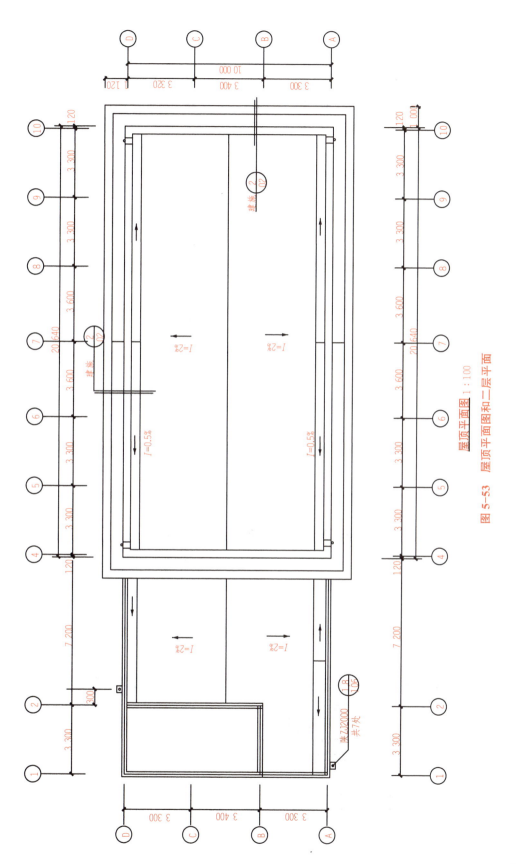

图 5-53 屋顶平面图和二层平面

屋顶平面图 1:100

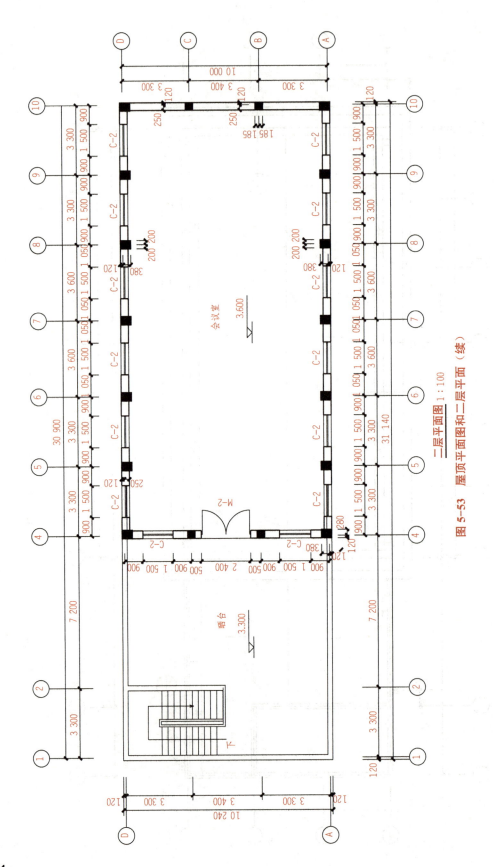

二层平面图 1:100

图 5-53　屋顶平面图和二层平面（续）

三、实施

按决策的内容实施导入光栅图像、导出光栅图像工作。

1. 打开图形文件

启动中望CAD 2014软件，可双击█图标，打开中望CAD 2014软件。

默认打开全新的空白文件。

2. 导入光栅图像

（1）执行"插入"→"光栅图像"命令。

（2）在弹出的"选择图像文件"对话框中选择"屋顶平面图"文件，单击"打开"按钮，如图5-54（a）所示。

（3）在弹出的"图像"对话框中单击"确定"按钮，如图5-54（b）所示。

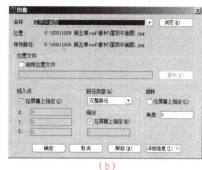

（a）　　　　　　　　　　　　　（b）

图5-54　选择插入图像并确定

（4）根据命令行提示，输入插入点，再输入缩放比例即可。之后，存盘并关闭CAD软件，如图5-55所示。

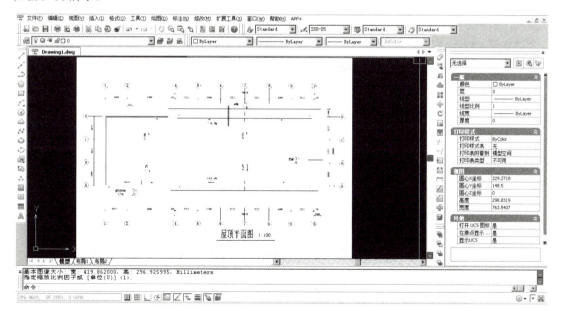

图5-55　插入完成

指定插入点<0，0>：
基本图像大小：宽：419.862000，高：296.925995，Millimeters
指定缩放比例因子或［单位（U）］<1>：

3. 打开图形文件

（1）启动中望CAD 2014软件，可双击█图标，打开中望CAD 2014软件。

（2）打开素材"二层平面图"文件，如图5-56所示。

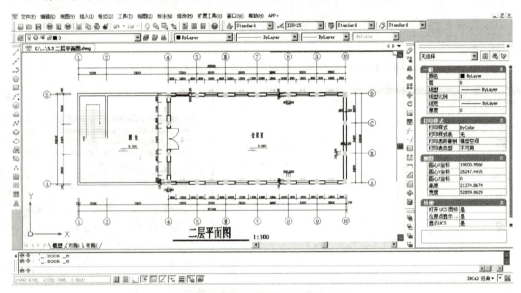

图 5-56　打开"二层平面图"文件

4. 输出BMP文件

（1）执行"文件"→"输出"命令。

（2）在弹出的"输出数据"对话框中指定保存路径和文件名称，在"文件类型"下拉列表中，选择"位图（*.bmp）"选项，然后单击"保存"按钮，如图5-57所示。

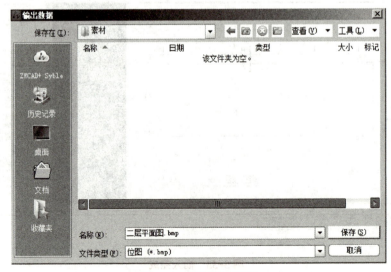

图 5-57　选择输出路径

（3）在命令行提示下，直接按Enter键，即选择全部对象，输出成bmp文件，如图5-58所示。

　命令：_export

　选择对象或＜全部对象和视口＞：

5. 扫描二维码观看具体操作的视频

导入光栅图像

导出光栅图像

四、评价与总结

任务完成后进行自我评价和小组评价并认真书写任务总结，最后交由教师评价（表5-9）。

表5-9　评分标准

评价指标	评价内容	分值	自评	组评	师评
线上自学 （20分）	能够自学线上资源	5			
	完成课前自测	5			
	完成课前讨论	5			
	完成课后自测	5			
知识目标 能力目标 完成情况 （60分）	打开图形文件	15			
	导入光栅图像	15			
	打开图形文件	15			
	导出BMP文件	15			
素质目标 达成情况 （20分）	制图标准习惯养成	5			
	小组协作、交流表达能力	5			
	自主学习解决问题的能力	5			
	大胆尝试、勇于创新的能力	5			
合计					
总结	1. 描述本任务新学习的内容。 2. 总结在任务实施中遇到的困难及解决措施。 3. 总结本任务学习的收获				

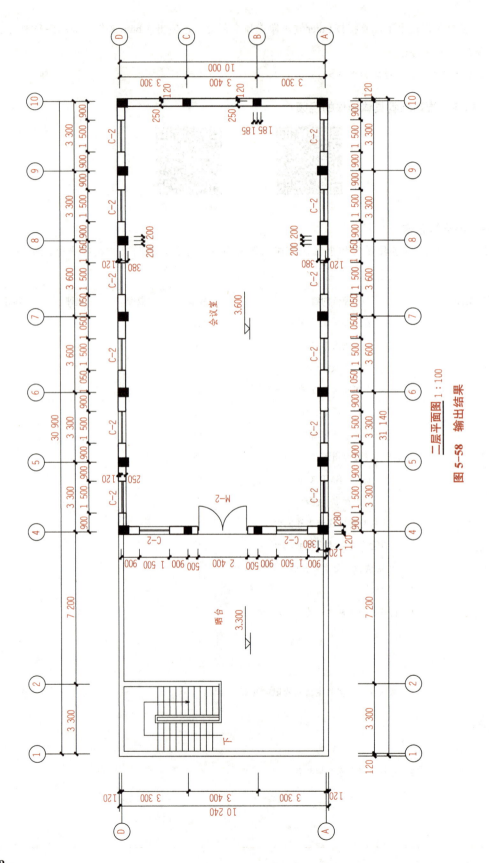

二层平面图 1:100

图 5-58 输出结果

一、单选题

1. （　　　）格式是CAD所不能支持的光栅图像格式。

  A. BMP   B. PNG   C. GIF   D. MOV

2. CAD软件支持的标准图形文件格式是（　　　）。

  A. DWG   B. DWT   C. DXF   D. DWF

3. 执行"文件"→"输出"命令，不能输出（　　　）格式的文件。

  A. WMF   B. SAT   C. BMP   D. DWT

二、判断题

1. CAD不能插入背景图像。   （　　　）

2. CAD输出PDF文件是通过虚拟打印实现的。   （　　　）

项目六　三维建筑模型的绘制

　　中望CAD 2014具有强大的三维图形绘制功能，不仅可以绘制一般面网格模型、简单实体模型，还可以创建复杂的实体并对其进行加工、渲染。掌握三维绘图技巧，是绘制建筑模型的重要基石。本项目将讲述三维绘图的基础知识、基本技巧与常用命令等内容，力求展现一个更加直观、真实的三维工程实景。

　　某别墅楼基于图纸素材绘制其建筑三维模型如图6-1所示，请运用中望CAD 2014绘制该别墅三维模型。

　　（1）构建三维模型时，需参考附带的建筑平面图和立面图等共7张图纸（图6-2～图6-8），不包含内墙和楼梯，门和窗的样式需要参照立面图，尺寸则需要符合一般规格。

　　（2）设置图层，并根据建筑物的组成，将不同对象放入相应的图层，如屋面、墙体、门窗等。

　　（3）不得在0层上建模。

　　（4）不得将整个房屋合并为一个整体。

　　（5）最好使用外部参照或设计中心的方法建模。

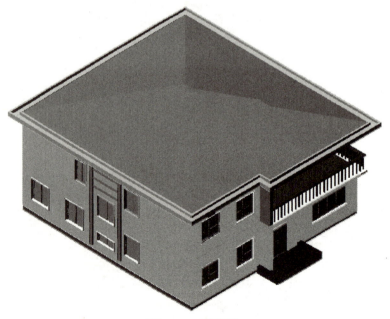

图 6-1　三维模型

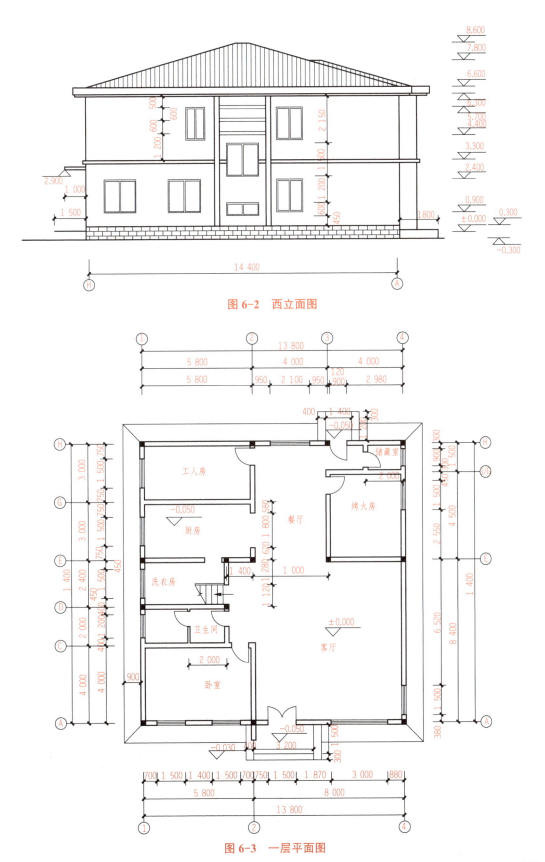

图 6-2 西立面图

图 6-3 一层平面图

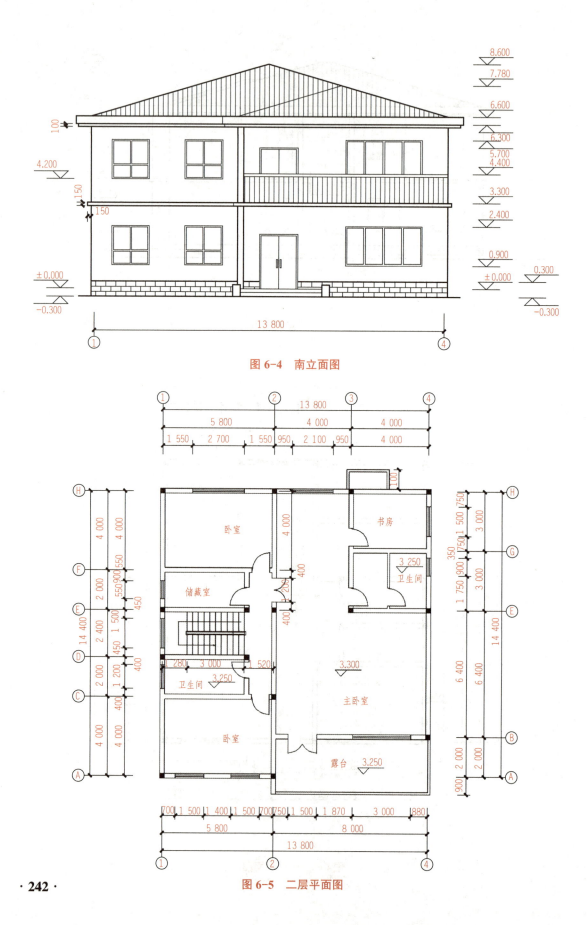

图 6-4 南立面图

图 6-5 二层平面图

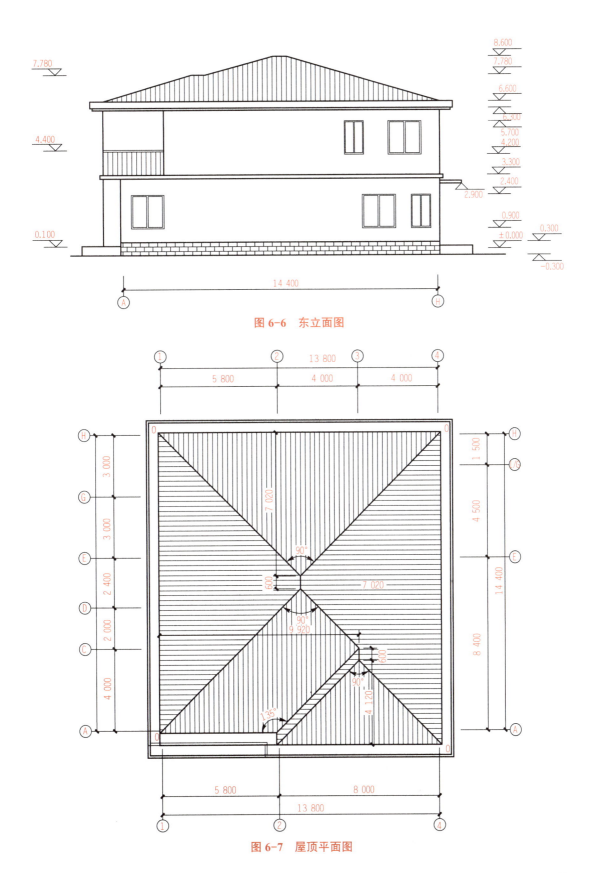

图 6-6　东立面图

图 6-7　屋顶平面图

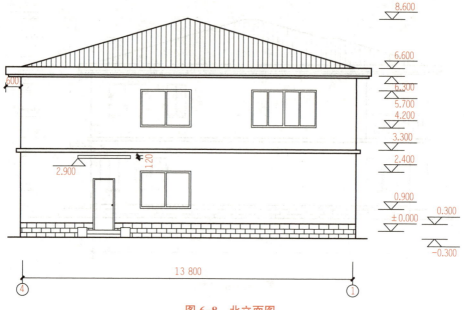

图 6-8　北立面图

用中望CAD 2014绘制三维模型的总体思路是先局部后整体，主要绘制过程如下：

（1）设置绘图环境，为绘图的顺利进行做好前期准备。

（2）使用"多线（PLINE）"命令来绘制外墙线，通过"拉伸"（EXTRUDE）命令对所绘制的线条进行拉伸操作，形成三维外墙的基本形态。

（3）利用三维编辑中的"差集"（SUBTRACT）命令，为外墙创建门窗洞口，创建门窗三维图形并插入到对应位置。

（4）利用"拉伸"（EXTRUDE）命令绘制坡屋顶，绘制屋檐、阳台以及台阶等细节部分。

（5）绘制楼板，组装全楼，形成完整的三维建筑模型。

▌ 学有所获

1. 知识目标

（1）理解三维视图的观察方法；

（2）理解"多段线PLINE"和"拉伸"命令；

（3）熟悉布尔运算中的并集、差集和交集的概念及其在图形编辑中的应用；

（4）识读屋顶平面图，理解UCS坐标；

（5）理解对齐命令。

2. 能力目标

（1）能设置三维图的绘图环境；

（2）能运用多段线、拉伸命令绘制墙体、窗线；

（3）能使用三维编辑命令来创建门窗洞口、绘制门窗等；

（4）能运用拉伸命令绘制坡屋顶；

（5）能将多个三维模型进行组装和整合。

3. 素质目标

（1）养成良好的规范性操作习惯，包括正确使用绘图命令和相关技巧；

（2）强化团队协作精神：互相帮助、共同学习、共同达成目标；

（3）提升学生自主学习和主动探究的能力，鼓励他们不断探索和创新。

实训任务

任务一　绘图准备工作

任务二　三维墙身的绘制

任务三　三维门窗建模

任务四　绘制屋顶和台阶等

任务五　三维建筑模型的组装

任务一　绘图准备工作

课前准备

扫描二维码观看三维总体介绍的视频，回答下列问题。

引导问题1：三维空间和二维空间的图形有哪些区别？

三维准备工作

_____

引导问题2：三维空间图形界限设定能否采用二维空间设定的方法？

_____

_____

引导问题3：三维视图中正交视图和等轴测图的对应关系是怎样的？

_____

_____

知识链接

要进行三维绘图，首先要掌握观看三维视图的方法，以便在绘图过程中随时了解绘图信息，并能够根据需求调整视图效果，从而进行准确的绘图操作。

一、三维视点

1.“视点”命令启动方法

（1）命令行：在命令行输入“VPOINT”命令。

（2）菜单栏：执行“视图”→“三维视图”→“视点”命令。

工具栏中的点选按钮实际是视点命令的10个常用的视角：俯视、仰视、左视、右视、前视、后视、东南等轴测、西南等轴测、东北等轴测、西北等轴测，用户在变化视角的时候，尽量用这10个设置好的视角，这样可以更有效率地完成任务。用户也可以通过输入坐标值来进行视角切换，相关视点坐标值见表6-1。

表6-1 不同视点坐标

视点设置	视图方向
0, 0, 1	俯视
0, 0, -1	仰视
0, -1, 0	前视
0, 1, 0	后视
1, 0, 0	右视
-1, 0, 0	左视
-1, -1, 1	西南等轴测
1, -1, 1	东南等轴测
1, 1, 1	东北等轴测
-1, 1, 1	西北等轴测

2.“视点”命令选项

执行上述其中一个操作后，命令行出现以下信息：

当前视图方向：VIEWDIR=-1.0000, -1.0000, 1.0000// 显示当前视点坐标

指定视点或［旋转（R）］<视点>：1, -1, 1// 设置视点，按Enter键结束命令

以上各选项内容的功能和含义如下：

（1）视点：以一个三维点来定义观察视图的方向的矢量。方向为从指定的点指向原点（0,0,0）。

（2）旋转（R）：指定观察方向与XY平面中X轴的夹角以及与XY平面的夹角两个角度，确定新的观察方向。

技巧提示：此命令要在“模型”空间中使用，不能在“布局”空间中使用。

二、用户坐标系（UCS）

使用世界坐标系时，绘图和编辑操作均在单个的固定坐标系中进行。此系统基本上能够满

足二维绘图的需求，但对于三维立体绘图，由于实际上的各点的位置不明确，绘制时很不方便。因此，在中望CAD系统中可以建立自己的专用坐标系，即用户坐标系。

1. "UCS"命令启动方法

（1）命令行：在命令行输入"UCS"命令。

（2）工具栏：单击UCS工具栏的"UCS"按钮。

2. "UCS"命令选项

> 命令：UCS
>
> 当前UCS名称：*世界*
>
> 指定UCS的原点或［面（F）/命名（N）/对象（OB）/上一个（P）/视图（V）/世界（W）/3 点（3）/X/Y/Z/Z轴（ZA）］<世界>：

以上各选项内容功能和含义如下：

（1）指定UCS的原点：只改变当前用户坐标系统的原点位置，X、Y轴方向保持不变，创建新的UCS。

（2）面（F）：指定三维实体的一个面，使UCS与之对齐。可通过在面的边界内或面所在的边上单击以选择三维实体的一个面，亮显被选中的面。UCS的X轴将与选择的第一个面上的选择点最近的边对齐。

（3）命名（N）：保存或恢复命名UCS定义。

（4）对象（OB）：可选取弧、圆、标注、线、点、二维多段线、平面或三维面对象来定义新的UCS。此选项不能用于下列对象：三维实体、三维多段线、三维网格、视口、多线、面域、样条曲线、椭圆、射线、构造线、引线、多行文字。

（5）视图（V）：以平行于屏幕的平面为XY平面，建立新的坐标系。UCS原点保持不变。

（6）世界（W）：设置当前用户坐标系统为世界坐标系。世界坐标系WCS是所有用户坐标系的基准，不能被修改。

（7）3点（3）：指定新的原点，以及X、Y轴的正方向。

（8）X、Y、Z：绕着指定的轴旋转当前的UCS，以创建新的UCS。

■ 三、视觉样式

1. "视觉样式"命令启动方法

（1）命令行：在命令行输入"SHADEMODE"命令。

（2）设置当前视口的视觉样式。

2. "视觉样式"命令选项

针对当前视口，可进行如下操作来改变视觉样式。

> 命令：Shademode
>
> 当前模式：二维线框
>
> 输入选项［二维线框（2D）/三维线框（3D）/消隐（H）/平面着色（F）/体着色（G）/带边框平面着色（L）/带边框体着色（O）］<带边框平面着色>：

以上各选项内容的功能和含义如下：

（1）二维线框（2D）：显示用直线和曲线表示边界的对象。光栅和 OLE 对象、线型和线宽都是可见的。

（2）三维线框（3D）：显示用直线和曲线表示边界的对象。

（3）消隐（H）：显示用三维线框表示的对象并隐藏表示后面被遮挡的直线。

（4）平面着色（F）：在多边形面之间着色对象。此对象比体着色的对象平淡和粗糙。

（5）体着色（G）：着色多边形平面间的对象，并使对象的边平滑化。着色的对象外观较平滑和真实。

（6）带边框平面着色（L）：结合"平面着色"和"线框"选项。对象被平面着色，同时显示线框。

（7）带边框体着色（O）：结合"体着色"和"线框"选项。对象被体着色，同时显示线框。

四、三维动态观察器

"三维动态观察器"命令启动方法如下：

（1）命令行：在命令行输入"3DORBIT"命令。

（2）菜单栏：执行"视图"→"三维动态观察"命令。

（3）工具栏：单击"三维动态观察"工具栏→"三维动态观察"按钮❍。

进入三维动态观察模式，控制在三维空间中进行交互查看对象。该命令可使用户同时从 X、Y、Z 三个方向动态观察对象。用户在不确定使用何种角度观察的时候，可以使用该命令，因为该命令提供了实时观察的功能，用户可以随意用鼠标来改变视点，直到达到需要的视角的时候退出该命令，以继续进行编辑。

技巧提示："3DORBIT"命令处于活动状态时，无法编辑对象。

任务实施

一、资讯

（1）三维模型的分类有哪些？

（2）用户坐标系和世界坐标系的区别是什么？

二、计划与决策

组员共同识读三维建筑模型图，讨论并制订绘制三维模型的准备工作，填在表6-2中。

表6-2 工作计划

序号	内容	绘图准备工作	完成时间
1			
2			
3			
4			
5			

三、实施

按决策的内容实施绘图工作，运用中望CAD 2014对别墅三维图形进行绘图环境设置，具体步骤如下。

1. 新建绘图文件

（1）启动中望CAD 2014软件，可双击 █ 图标，打开中望CAD 2014软件。

（2）打开新图形文件，执行"文件"→"保存"命令，或单击"保存"按钮 █ ，在弹出的"图形另存为"对话框中输入"文件名"为"三维图"。单击"保存"按钮 [保存(S)] 后，图形文件被保存为"三维图.dwg"文件。

2. 设置绘图区域界限及单位

（1）执行"格式"→"单位"命令（UN），弹出"图形单位"对话框，将长度单位类型设定为"小数"，精度为"0.000"，角度单位类型设定为"十进制度数"，精度为"0.00"，如图6-9所示，设置完成后单击"确定"按钮 [确定] 即可。

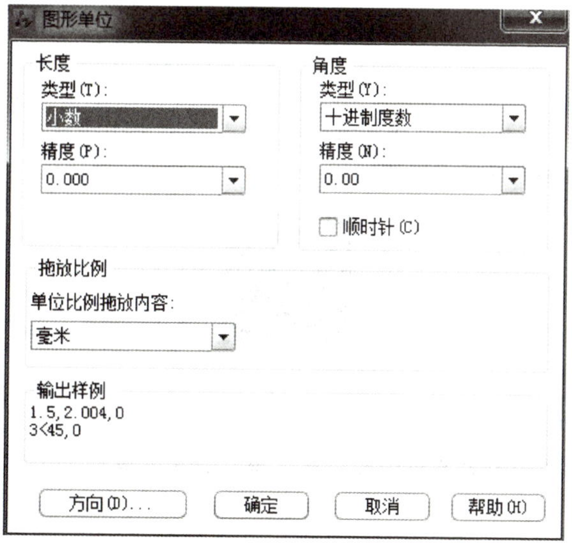

图6-9 "图形单位"设置

（2）执行"格式"→"图形界限"命令，依据提示，设定图形界限的左下角为（0，0），右上角为（42 000，29 700）。

（3）再在命令行输入ZOOM（Z）→确认（按Enter键或者空格键）→A，使输入的图形界限区域全部显示在图形窗口内。

3. 设置图层

执行"格式"→"图层"命令（LA），或单击"图层"工具栏中的"图层特性管理器"按钮，即可弹出"图层特性管理器"对话框，在该对话框中设置图层的名称、线宽、线型和颜色等，如图6-10所示。

图 6-10 "图层"设置

4. 调用工具栏

在工具栏上右击，调出视图、实体和编辑三个工具栏，并靠左放置。

5. 扫描二维码观看绘图准备工作的视频

绘图准备工作

四、评价与总结

任务完成之后，学生进行自我评价和小组评价，并认真撰写任务总结。所有相关材料提交给教师评估（表6-3）。

表6-3 评分标准

评价指标	评价内容	分值	自评	组评	师评
线上自学 （20分）	能够自学线上资源	5			
	完成课前自测	5			
	完成课前讨论	5			
	完成课后自测	5			
知识目标 能力目标 完成情况 （60分）	绘图文件的创建保存	10			
	绘图区域界线和单位设置	10			
	图层设置	20			
	工具栏调用	20			
素质目标 达成情况 （20分）	制图标准习惯养成	5			
	小组协作、交流表达能力	5			
	自主学习解决问题的能力	5			
	大胆尝试、勇于创新的能力	5			
合计					
总结	1. 描述本任务新学习的内容。 2. 总结在任务实施中遇到的困难及解决措施。 3. 总结本任务学习的收获				

课后任务

一、填空题

1. 3点定义UCS，第一点为_____，第二点为_____，第三点为_____。

2. Z轴矢量定义UCS，第一点为_____，第二点为_____。

二、单选题

1. 单击并拖动三维动态管理器视图启动连续运动，连续观察中三维模型的旋转速度取决于（　　）。

A. 鼠标拖动的距离　　　　　　　　B. 鼠标拖动的速度

C. 单击的位置　　　　　　　　　　D. 设定旋转速度数值

2. 用"VPOINT"命令输入视点的坐标值（1，1，1）后，看到的结果是（   ）。

  A. 西南等轴测视图   B. 东南等轴测视图

  C. 东北等轴测视图   D. 西北等轴测视图

3. 在模型空间中用（   ）命令可将视区分为多视口。

  A. UCS   B. VPOINT

  C. VPORTS   D. PLAN

任务二　三维墙身的绘制

课前准备

预习本任务内容，回答下列问题。

引导问题1： 有哪些常用的三维实体？

_____

_____

引导问题2： 拉伸命令使用时对拉伸对象有什么要求？

_____

_____

_____

知识链接

一、长方体

1. "长方体"命令启动方法

（1）命令行：在命令行输入"BOX"命令。

（2）菜单栏：执行"绘图"→"实体"→"长方体"命令。

（3）工具栏：单击"实体"工具栏的"长方体"按钮 ▣。

2. "长方体"命令选项

创建底面长度为100，宽度为100，高度为200的长方体，如图6-11所示。

执行上述其中一个操作后，命令行出现以下信息：

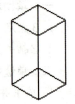

图6-11　长方体

指定长方体的角点或［中心点（CE）］<0，0，0>：//指定长方体的角点

指定角点或［立方体（C）/长度（L）］：L

```
指定长度：100
指定宽度：100
指定高度：200//按Enter键结束命令
```

以上各选项含义和功能说明如下：

（1）长方体的角点：指定长方体的第一个角点。

（2）中心（CE）：通过指定长方体的中心点绘制长方体。

（3）立方体（C）：指定长方体的长、宽、高都为相同长度。

（4）长度（L）：通过指定长方体的长、宽、高来创建三维长方体。

技巧提示：若输入的长度值或坐标值是正值，则以当前UCS坐标的X、Y、Z轴的正向创建图形；若为负值，则以X、Y、Z轴的负向创建图形。

■ 二、球体

1. "球体"命令启动方法

（1）命令行：在命令行输入"SPHERE"命令。

（2）菜单栏：执行"绘图"→"实体"→"球体"命令。

（3）工具栏：单击"实体"→"球体"按钮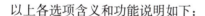。

2. "球体"命令选项

创建半径为100的球体，如图6-12所示。

执行上述其中一个操作后，命令行出现以下信息：

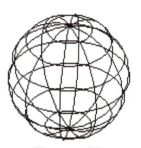

图6-12　球体

```
当前线框密度：ISOLINES=10//显示当前线框密度
指定球体球心<0，0，0>：//指定球心位置
指定球体半径或［直径（D）］：100//指定半径值，按Enter键结束命令
```

以上各选项含义和功能说明如下：

（1）球体半径（R）：绘制基于球体中心和球体半径的球体对象。

（2）直径（D）：绘制基于球体中心和球体直径的球体对象。

■ 三、圆柱体

1. "圆柱体"命令启动方法

（1）命令行：在命令行输入"CYLINDER"命令。

（2）菜单栏：执行"绘图"→"实体"→"圆柱体"命令。

（3）工具栏：单击"实体"工具的"圆柱体"按钮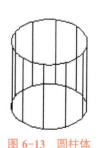。

2. "圆柱体"命令选项

创建底面半径为100，高度为200的圆柱体，如图6-13所示。

执行上述其中一个操作后，命令行出现以下信息：

图6-13　圆柱体

当前线框密度：ISOLINES=10//显示当前线框密度

指定圆柱体底面的中心点或［椭圆（E）］<0，0，0>：//指定圆心

指定圆柱体底面的半径或［直径（D）］：100//指定圆半径

指定圆柱体高度或［另一个圆心（C）］：200//指定圆柱高度，按Enter键结束命令

以上各选项含义和功能说明如下：

（1）圆柱体底面的中心点：通过指定圆柱体底面圆的圆心来创建圆柱体对象。

（2）椭圆（E）：绘制底面为椭圆的三维圆柱体对象。

技巧提示：若输入的高度值是正值，则以当前UCS坐标的Z轴的正向创建图形；若为负值，则以Z轴的负向创建图形。

■ 四、圆锥体

1. "圆锥体"命令启动方法

（1）命令行：在命令行输入"CONE"命令。

（2）菜单栏：执行"绘图"→"实体"→"圆锥体"命令。

（3）工具栏：单击"实体"工具栏的"圆锥体" △ 按钮。

2. "圆锥体"命令选项

创建底面半径为100，高度为200的圆锥体，如图6-14所示。

执行上述其中一个操作后，命令行出现以下信息：

图6-14 圆锥体

当前线框密度：ISOLINES=10//显示当前线框密度

指定圆锥体底面的中心点或［椭圆（E）］<0，0，0>//指定底面圆心位置

指定圆锥体底面半径或［直径（D）］：100//指定底面圆半径

指定圆锥体高度或［顶点（A）］：200//指定高度，按Enter键结束命令

以上各选项含义和功能说明如下：

（1）圆锥体底面的中心点：指定圆锥体底面的中心点来创建三维圆锥体。

（2）椭圆（E）：创建一个底面为椭圆的三维圆锥体对象。

（3）圆锥体高度：指定圆锥体的高度。输入正值，则以当前用户坐标系统 UCS 的 Z 轴正方向绘制圆锥体，输入负值，则以 UCS 的 Z 轴负方向绘制圆锥体。

■ 五、楔体

1. "楔体"命令启动方法

（1）命令行：在命令行输入"WEDGE"命令。

（2）菜单栏：执行"绘图"→"实体"→"楔体"命令。

（3）工具栏：单击"实体"工具栏的"楔体"按钮 ◣ 。

2. "楔体"命令选项

创建长为100，宽为100，高度为200的楔体，如图6-15所示。

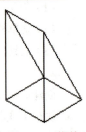

图6-15 楔体

执行上述其中一个操作后，命令行出现以下信息：

指定楔体的第一个角点或［中心点（CE）］<0，0，0>：//指定底面第一个角点的位置

指定其他角点或［立方体（C）/长度（L）］：L

指定长度：100

指定宽度：100

指定高度：200//指定楔体高度，按Enter键结束命令

以上各选项含义和功能说明如下：

（1）第一个角点：指定楔体的第一个角点。

（2）立方体：创建各条边都相等的楔体对象。

（3）长度：分别指定楔体的长、宽、高。其中长度与 X 轴对应，宽度与 Y 轴对应，高度与 Z 轴对应。

（4）中心点（CE）：指定楔体的中心点。

六、圆环

1."圆环"命令启动方法

（1）命令行：在命令行输入"TORUS"命令。

（2）菜单栏：执行"绘图"→"实体"→"圆环"命令。

（3）工具栏：单击"实体"工具栏的"圆环"按钮◎。

2."圆环"命令选项

绘制圆环体半径为200，管状物半径为100的圆环，如图6-16所示。

图6-16 圆环

执行上述其中一个操作后，命令行出现以下信息：

当前线框密度：ISOLINES=10//显示当前线框密度

指定圆环体中心<0，0，0>：//指定圆环中心

指定圆环体半径或［直径（D）］：200

指定圆管半径或［直径（D）］：100//按Enter键结束命令

以上各选项含义和功能说明如下：

（1）半径（R）：指定圆环体的半径。

（2）直径（D）：指定圆环体的直径。

技巧提示：圆环由两个参数定义：一个是管状物的半径，另一个是圆环中心到管状物中心的距离。若指定的管状物的半径大于圆环的半径，则可以绘制一个没有中心的圆环，即一个自身相交的圆环。这种自交圆环体没有中心孔。

七、拉伸

1."拉伸"命令启动方法

（1）命令行：在命令行输入"EXTRUDE"命令。

（2）菜单栏：执行"绘图"→"实体"→"拉伸"命令。

（3）工具栏：单击"实体"工具栏的"拉伸"按钮📷。

2."拉伸"命令选项

执行上述其中一个操作后，命令行出现以下信息：

> 当前线框密度：ISOLINES=4//显示当前线框密度
>
> 选择对象：//指定要拉伸的图形
>
> 选择对象：找到1个提示选择对象的数量
>
> 选择对象：//按Enter键结束选择
>
> 指定拉伸高度或［路径（P）/方向（D）］：//指定拉伸高度
>
> 指定拉伸的倾斜角度<0>：//指定拉伸倾角，按Enter键结束命令

以上各选项含义和功能说明如下：

（1）选择对象：选择要拉伸的对象。可进行拉伸处理的对象有平面三维面、封闭多段线、多边形、圆、椭圆、封闭样条曲线、圆环和面域。

（2）指定拉伸高度：为选定对象指定拉伸的高度，若输入的高度值为正数，则以当前UCS的Z轴正方向拉伸对象，若为负数，则以Z轴负方向拉伸对象。

（3）拉伸路径（P）：为选定对象指定拉伸的路径，在指定路径后，系统将沿着选定路径拉伸选定对象的轮廓创建实体。

■ 八、旋转（REVOLVE）

1."旋转"命令启动方法

（1）命令行：在命令行输入"REV"命令。

（2）菜单栏：执行"绘图"→"实体"→"旋转"命令。

（3）工具栏：单击"实体"工具栏的"旋转"按钮🔧。

2."旋转"命令选项

执行上述其中一个操作后，命令行出现以下信息：

> 当前线框密度：ISOLINES=4 //显示当前线框密度
>
> 选择对象：//指定要旋转的对象
>
> 指定旋转轴的起点或定义轴通过［对象（O）/X轴（X）/Y轴（Y）］：
>
> 指定旋转角度<360>：

以上各选项含义和功能说明如下：

（1）旋转轴的起点：通过指定旋转轴上的两个点来确定旋转轴，轴的正方向为第一点指向第二点。

（2）对象（O）：已选定的直线或多段线中的单条线段为旋转轴，接着围绕此旋转轴旋转一定角度，形成实体。

（3）旋转角度：指定旋转角度值。

技巧提示： 拉伸和旋转命令可以将二维对象创建出形状复杂的三维实体模型，是三维实体建模中常用的方法。

九、剖切

1. "剖切"命令启动方法

（1）命令行：在命令行输入"SLICE"命令。

（2）菜单栏：执行"绘图"→"实体"→"剖切"命令。

（3）工具栏：单击"实体"工具栏的"剖切"按钮。

2. "剖切"命令选项

对图6-17（a）中的长方体进行剖切，结果如图6-17（b）所示。

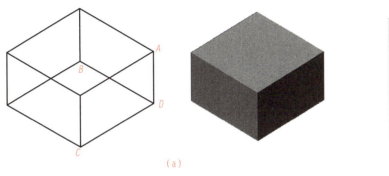

(a)　　　　　　　　　　　　　　　　　　　(b)

图6-17　剖切

命令：SLICE//执行SLICE命令

选择对象：找到1个选择长方体//提示选择对象的数量

选择对象：//按Enter键结束选择

指定切面上的第一个点，通过[对象（O）/Z轴（Z）/视图（V）/XY（XY）/YZ（YZ）/ZX（ZX）/三点（3）]<三点>：//单击点A

在平面上指定第二点：//单击点B

在平面上指定第三点：//单击点C，通过三点来确定剖切面

在需求平面的一侧拾取一点或[保留两侧（B）]：//单击点D指点保留部分，按Enter键结束命令

以上各选项内容的功能和含义如下：

（1）截面上的第一点：通过指定三个点来定义剪切平面。

（2）对象（O）：定义剪切面与选取的圆、椭圆、弧、2D样条曲线或二维多段线对象对齐。

（3）轴（Z）：通过指定剪切平面上的一个点，及垂直于剪切平面的一点定义剪切平面。

（4）视图（V）：指定剪切平面与当前视口的视图平面对齐。

（5）平面（XY）：通过在*XY*平面指定一个点来确定剪切平面所在的位置，并使剪切平面与当前用户坐标系统UCS的*XY*平面对齐。

（6）平面（YZ）：通过在*YZ*平面指定一个点来确定剪切平面所在的位置，并使剪切平面与当前用户坐标系统UCS的*YZ*平面对齐。

（7）平面（ZX）：通过在*ZX*平面指定一个点来确定剪切平面所在的位置，并使剪切平面与当前用户坐标系统UCS的*ZX*平面对齐。

技巧提示：剖切后的实体保留原实体的图层和颜色特性。

任务实施

一、资讯

（1）常用实体命令分别有哪些？

（2）实体中的拉伸命令和实体编辑中拉伸命令的区别是什么？

二、计划与决策

组员共同阅读知识链接内容，并讨论主体外墙轮廓线的工作计划，填在表6-4中。

表6-4　工作计划

序号	内容	使用绘图方法	完成时间
1			
2			
3			
4			

三、实施

按决策的内容实施绘图工作，运用中望CAD 2014对别墅三维图形进行绘图环境设置。

运用中望CAD 2014，绘制图6-18底层建筑平面图的墙身线。具体步骤如下。

1. 调整视图

调至墙体图层，调整视图为"俯视" 。

2. 绘制主体外墙轮廓线

（1）分析图纸，墙身厚度为240，定位轴线为中心线。

（2）创建240墙身多线。使用多段线命令绘制多段线①，并偏移出多

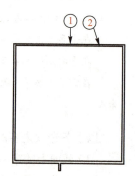

图6-18　外墙线

段线②，对多段线②进行适当修改，或者用"矩形"命令绘制墙身，进行适当的面域处理。选择"差集" 命令，拾取多段线①，按Enter键确认，选择线段②对象实体求差，按Enter键，如图6-18所示。

（3）切换工作空间：将工作空间调整至三维建模空间。并将视图切换到"西南等轴测图"◈。

（4）拉伸墙体 。

1）在命令行中输入"拉伸"的快捷命令"EXTRUDE"。

2）当前线框密度：ISOLINES=4。

3）选择要拉伸的对象：选择刚刚绘制的两条多段线。

4）指定拉伸高度或［路径（P）/方向（D）］：3300；注意输入拉伸的高度时不要单击鼠标。

5）指定拉伸的倾斜角度<0>：0。

（5）检验（查验是否操作正确）视图，结果如图6-19所示。

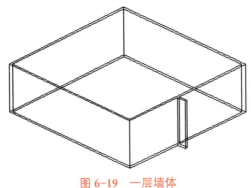

图6-19　一层墙体

3. 扫描二维码观看三维墙身绘制的视频

墙体绘制

四、评价与总结

任务完成后进行自我评价和小组评价并认真书写任务总结，最后交由教师评价（表6-5）。

表6-5　评分标准

评价指标	评价内容	分值	自评	组评	师评
线上自学 （20分）	能够自学线上资源	5			
	完成课前自测	5			
	完成课前讨论	5			
	完成课后自测	5			
知识目标 能力目标 完成情况 （60分）	调整视图	5			
	使用"多线"或"矩形"命令绘制墙体	20			
	墙体差集运算	5			
	墙体的拉伸	10			
	二层墙体的绘制	20			

评价指标	评价内容	分值	自评	组评	师评
素质目标达成情况（20分）	制图标准习惯养成	5			
	小组协作、交流表达能力	5			
	自主学习解决问题的能力	5			
	大胆尝试、勇于创新的能力	5			
	合计				
总结	1. 描述本任务新学习的内容。 2. 总结在任务实施中遇到的困难及解决措施。 3. 总结本任务学习的收获				

课后任务

一、填空题

1. 三维操作中，拉伸命令执行时，是沿着_____轴正方向进行拉伸。

2. 中止命令时可以按_____键；确定"执行"命令时可以按_____键。

二、单选题

1. 使用（   ）命令可以创建圆锥实体模型。

　A. PYRAMID　　　　　　　　B. POLYSOLID

　C. CONE　　　　　　　　　　D. WEDGE

2. 将一个长方体模型进行分解，可以得到（   ）。

　A. 三个面域　　　　　　　　B. 三个矩形边界

　C. 六个面域　　　　　　　　D. 十二条线段

3. 使用"EXTRUDE"命令拉伸时，必须先建立一个二维图形，该二维图形必须是（   ）。

　A. LINE绘制的封闭图形

　B. PLINE绘制的封闭图形，但自我相交

　C. 圆

　D. 圆弧

任务三　三维门窗建模

◉ **课前准备**

预习本任务内容，回答下列问题。

引导问题1：布尔运算包含哪些内容？

_____

_____

引导问题2：尝试用布尔运算编辑实体的方法是什么？

_____

_____

◉ **知识链接**

中望CAD提供了布尔运算功能，可以通过创建简单实体来构建复杂的三维实体。布尔运算包括并集、差集和交集。

■ 一、并集

1."并集"命令启动方法

（1）命令行：在命令行输入"UNION"命令。

（2）菜单栏：执行"修改"→"实体编辑"→"并集"命令。

（3）工具栏：单击"实体编辑"实体编辑工具栏的"并集"按钮▦。

2."并集"命令选项

图6-20（a）中长方体和圆锥体相交，用"并集"命令将这两个实体合为一个整体，结果如图6-20（b）所示。

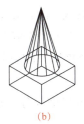

(a)　　　　　　　　(b)

图6-20　并集

执行上述其中一个操作后，命令行出现以下信息：

> 选择对象：找到1个//点选一个长方体，提示选择对象数量
>
> 选择对象：找到1个，总计2个//点选圆锥，提示选择对象总数
>
> 选择对象：//按Enter键结束命令

■ 二、差集

1. "差集"命令启动方法

（1）命令行：在命令行输入"SUBRACT"命令。

（2）菜单栏：执行"修改"→"实体编辑"→"差集"命令。

（3）工具栏：单击"实体编辑"工具栏"差集"按钮 。

2. "差集"命令选项

图6-21（a）中长方体和圆锥体相交，利用差集命令，从长方体中减去圆锥，结果如图6-21（b）所示。

(a)

(b)

图 6-21　差集

执行上述其中一个操作后，命令行出现以下信息：

> 选择对象：找到1个//选择需要留下的长方体
>
> 选择对象：选择实体和面域求差
>
> 选择对象：找到1个//选择除去的圆锥体
>
> 选择对象：//按Enter键结束命令

■ 三、交集

1. "交集"命令启动方法

（1）命令行：在命令行输入"INTERSECT"命令。

（2）菜单栏：执行"修改"→"实体编辑"→"交集"命令。

（3）工具栏：单击"实体编辑"工具栏的"交集"按钮 。

2. "交集"命令选项

将图6-22（a）中两实体相交部分形成新的实体同时删除多余部分，结果如图6-22（b）所示。

执行上述其中一个操作后，命令行出现以下信息：

选择对象：找到1个//选择要编辑的实体

选择对象：找到1个，总计2个//选择另一要编辑的实体

选择对象：//按Enter键结束命令

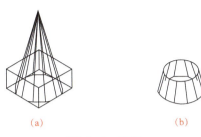

(a)   (b)

图 6-22 交集

一、资讯

1. 并集、差集和交集的含义是什么？

2. 被减的实体和减去实体的区别有哪些？

二、计划与决策

组员共同识读一层门窗三维图，讨论并制订绘制门窗三维图的工作计划，填在表6-6中。

表 6-6 工作计划

序号	内容	使用绘图方法	完成时间
1			
2			
3			
4			
5			

三、实施

运用中望CAD 2014软件，仔细识读一层平面图和立面图，绘制图6-23一层门窗三维图。具体操作步骤如下。

1. 绘制窗洞口

（1）准备工作：回到"二维线框"视觉样式，并选择"俯视"视图。

（2）确定门窗洞口。

1）在平面图的门窗位置绘制矩形（可用"REC"命令），如图6-24所示。

图 6-23　一层门窗三维图

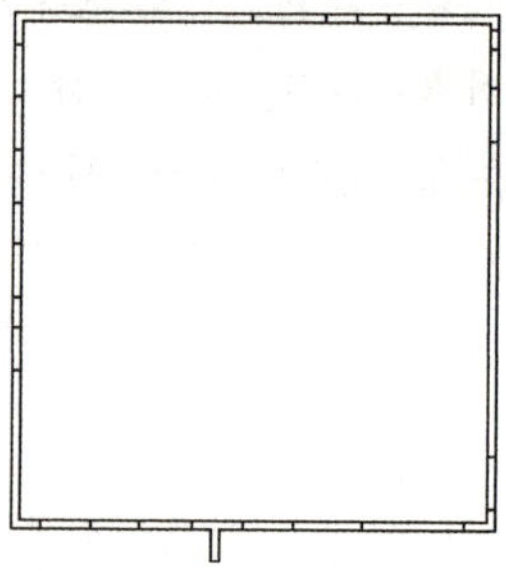

图 6-24　绘制门窗洞辅助线

2）拉伸窗子和入户门：依据一层平面图和立面图的尺寸，窗的拉伸高度分别为1 500或600，门的拉伸高度为2 100。

3）移动窗子：将视图调整至"前视图"，并将窗子向上移动900。

4）利用布尔运算生成门窗洞口。

①输入快捷命令"SUBTRACT"，选择实体和面域求差；

②选择对象：单击被减的实体（选择要从中减去的实体或面域）；

③选择对象：单击减去的实体（选择要减去的实体或面域）；

④按Enter键，结果如图6-25所示。

（3）做出窗体。

1）切换到左视图，按照图6-26所示尺寸绘制窗户，或者从建筑施工图中复制对应的窗户二维图形，创建成面域。

图 6-25　门窗洞口建模

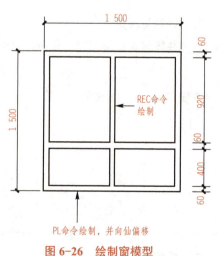

图 6-26　绘制窗模型

2）利用"差集" 命令，做出框体，如图6-27所示。

3）拉伸实体：利用"拉伸（EXTRUDE）"命令拉伸刚刚绘制的窗子，拉伸高度为60。

4）加入窗玻璃。利用"矩形"命令绘制窗玻璃（图6-28），拉伸玻璃厚度为10，打开中点捕捉，移动至合适位置。注意绘制时为了区分玻璃和窗框，要换一种颜色绘制玻璃，做好后将窗子定义为块，并命名为"窗1500"。

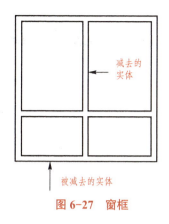

减去的实体

被减去的实体

图 6-27　窗框

图 6-28　绘制窗玻璃

5）复制或插入窗子。相同的窗子可以选择插入"窗1500"，其余门和窗子的绘制方法类似。插入窗子和门后，可自行调整视图和视觉样式观察。

2. 扫描二维码观看绘制门窗洞口的视频

门窗洞口绘制

3. 扫描二维码观看绘制窗户的视频

窗户绘制 1

窗户绘制 2

四、评价与总结

任务完成后进行自我评价和小组评价并认真书写任务总结，最后交由教师评价（表6-7）。

表 6-7　评分标准

评价指标	评价内容	分值	自评	组评	师评
线上自学 （20分）	能够自学线上资源	5			
	完成课前自测	5			
	完成课前讨论	5			
	完成课后自测	5			
知识目标 能力目标 完成情况 （60分）	调整视图	5			
	使用"多线"或"矩形"命令绘制墙体	10			
	墙体差集运算和拉伸	5			
	窗户和门的绘制	20			
	二层墙体和门窗的绘制	20			

评价指标	评价内容	分值	自评	组评	师评
素质目标达成情况（20分）	制图标准习惯养成	5			
	小组协作、交流表达能力	5			
	自主学习解决问题的能力	5			
	大胆尝试、勇于创新的能力	5			
合计					
总结	1. 描述本任务新学习的内容。 2. 总结在任务实施中遇到的困难及解决措施。 3. 总结本任务学习的收获				

课后任务

一、填空题

1. 布尔运算是对已有的两个或更多三维实体进行布尔运算，生成新的三维实体。布尔运算共_____、_____、_____三种。

2. 在中望CAD 2014中，只有_____和_____能进行布尔运算。

二、选择题

1. 下列命令中，（　　）命令不属于布尔运算命令。

    A. UNI   B. IN   C. UN   D. SU

2. 使用（　　）命令，可以将一个三维实心体分成两个独立的实心体。

    A. BR   B. Sweep   C. 3dalign   D. SL

3. 下列对象不可以进行渲染的是（　　）。

    A. 正等轴测图   B. 三维网格   C. 三维面   D. 实体和面域

三、绘图题

1. 按图6-29尺寸绘制另一种类型的三维窗体。

2. 按图6-30尺寸绘制门三维模型。

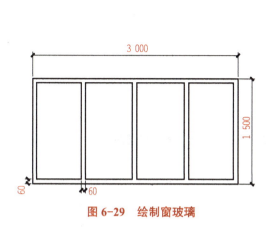

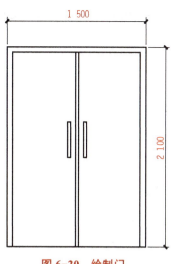

图 6-29　绘制窗玻璃　　　　　　　　图 6-30　绘制门

3. 按要求绘制图 6-31 所示二层门窗三维模型。

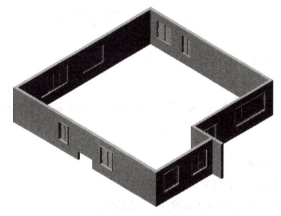

图 6-31　二层门窗建模

任务四　绘制屋顶和台阶等

预习本任务内容，回答下列问题。

引导问题1：三维空间中旋转和三维旋转有什么区别？

引导问题2：阳台立柱形式各异，可以用什么方法来绘制？

_____

_____

⊙**知识链接**

用户可以使用三维编辑命令在三维空间对对象进行镜像、阵列和旋转。

■ 一、三维镜像（**MIRROR3D**）

1．"三维镜像"命令启动方法

（1）命令行：在命令行输入"MIRROR3D"命令。

（2）菜单栏：执行"修改"→"三维操作"→"三维镜像"命令。

2．"三维镜像"命令选项

执行上述其中一个操作后，命令行出现以下信息：

选择对象：

指定镜像平面（三点）的第一点或［对象（O）/最近的（L）/Z轴（Z）/视图（V）/XY平面（XY）/
YZ平面（YZ）/ZX平面（ZX）/三点（3）］<三点>：

以上各选项含义和功能说明如下：

（1）三点（3）：通过指定3个点来确定镜像平面。

（2）对象（O）：以对象作为镜像平面创建三维镜像。

（3）最近的（L）：以最近一次指定的镜像平面作为本次创建三维镜像的平面。

（4）Z轴（Z）：以平面上的一点和垂直于平面的法线上的一点来定义镜像平面。

（5）视图（V）：以当前视图的观测平面来镜像对象。

（6）XY平面、YZ平面、ZX平面：以XY、YZ或ZX平面来定义镜像平面。

■ 二、三维阵列（**3DARRAY**）

1．"三维阵列"命令启动方法

（1）命令行：在命令行输入"3DARRAY"命令。

（2）菜单栏：执行"修改"→"三维操作"→"三维阵列"命令。

2．"三维阵列"命令选项

执行上述其中一个操作后，命令行出现以下信息：

选择对象：

输入阵列类型［矩形（R）/极轴（P）］<矩形（R）>：

以上各选项含义和功能说明如下：

（1）矩形（R）：矩形阵列，对象以三维矩形样式在立体空间中复制。

（1）极轴（P）：环形阵列，按指定的项目数、填充角度、中心点和旋转轴复制。

三、三维旋转（ROTATE3D）

1. "三维旋转"命令启动方法

（1）命令行：在命令行输入"ROTATE3D"命令。

（2）菜单栏：执行"修改"→"三维操作"→"三维旋转"命令。

2. "三维旋转"命令选项

执行上述其中一个操作后，命令行出现以下信息：

```
命令：_ROTATE3D
当前正向角度：ANGDIR=逆时针 ANGBASE=0
选择对象：
指定轴上的第一个点或定义轴依据 [对象（O）/最近的（L）/视图（V）/X轴（X）/Y轴（Y）/Z轴（Z）/两点（2）]：
指定旋转角度或 [参照（R）]：
```

以上各选项含义和功能说明如下：

（1）两点（2）：通过指定2个点来定义旋转轴。

（2）对象（O）：选择与对象对齐的旋转轴。

（3）最近的（L）：以最近一次定义的旋转轴为本次旋转的旋转轴。

（4）视图（V）：将旋转轴与当前通过指定的视图方向上的点所在视口的观察方向对齐。

（5）X轴、Y轴、Z轴：将旋转轴与所在坐标系统UCS的X轴、Y轴、Z轴对齐。

任务实施

一、资讯

（1）剖切的命令和作用是什么？

（2）如何选择剖切点？

二、计划与决策

组员共同识读三维屋顶、阳台和台阶，讨论并制订绘图的工作计划，填在表6-8中。

表 6-8 工作计划

序号	内容	使用绘图方法	完成时间
1			
2			
3			
4			
5			

三、实施

1. 绘制屋顶

（1）绘制屋顶轮廓。切换到"屋顶"图层，切换至俯视图，根据屋顶平面图用矩形绘制出屋顶外轮廓，如图6-32所示。

（2）拉伸屋顶。

1）将视图切换至"西南等轴测图" ◈，执行"拉伸"命令，分别选择矩形A、B，经过测量立面屋顶高度，拉伸高度设置为大于2 000的值，拉伸的倾斜角度设置为740，如图6-33所示。

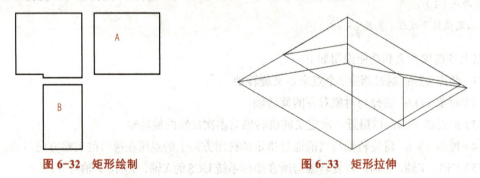

图 6-32 矩形绘制   图 6-33 矩形拉伸

2）将拉伸的2个屋顶进行并集 ▰，结果如图6-34所示。

3）用"多段线"命令绘制屋顶边缘外轮廓，并进行拉伸，完成屋顶的绘制，结果如图6-35所示。

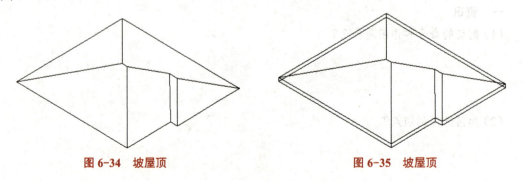

图 6-34 坡屋顶   图 6-35 坡屋顶

2. 绘制屋檐

（1）绘制屋檐截面。将视图切换至主视图转换UCS，用"多段线"命令绘制如图6-36所示的屋檐截面。

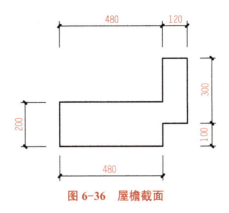

图 6-36　屋檐截面

（2）再将视图切换至俯视图转换 UCS，用多段线绘制不封闭的屋顶外轮廓，并将屋檐截面放置在屋顶外轮廓线上，如图 6-37 所示。

（3）使用"拉伸"命令，选择屋檐截面，路径为屋顶外轮廓线，进行拉伸，如图 6-38 所示。

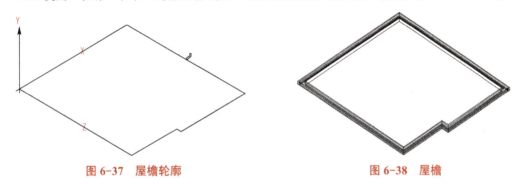

图 6-37　屋檐轮廓　　　　　　　　　　　　　图 6-38　屋檐

3. 绘制阳台

（1）切换视图至"俯视图" ，并调整 UCS 坐标，根据二层平面图绘制出阳台外轮廓，并拉伸 100，移动至相对位置，如图 6-39 所示。

（2）切换视图至"西南等轴测图" ，并调整 UCS 坐标，绘制扶手拉伸路径，调整 UCS 坐标，向上移动 1 000，如图 6-40 所示。

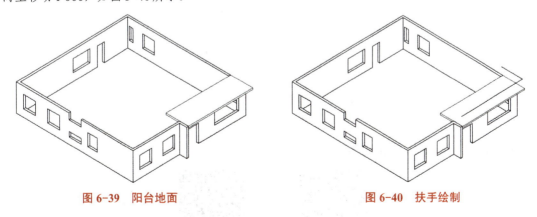

图 6-39　阳台地面　　　　　　　　　　　　　图 6-40　扶手绘制

（3）调整 UCS 坐标，在路径一端绘制一半径为 80 的圆，使用"拉伸"命令 ，选择圆，并选择路径，进行拉伸（图 6-41）。

（4）调整UCS坐标，根据尺寸绘制栏杆，并将扶手和栏杆并集█（图6-42）。

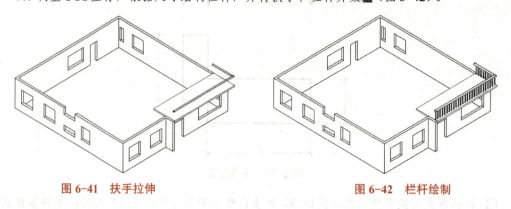

图 6-41　扶手拉伸　　　　　　　　　图 6-42　栏杆绘制

4. 绘制台阶

（1）将视图切换至左视图转换UCS，用多段线绘制如图6-43所示的台阶截面。

（2）将台阶截面拉伸3 000，如图6-44所示。

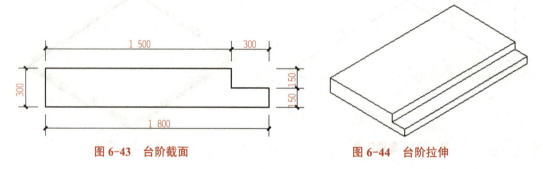

图 6-43　台阶截面　　　　　　　　　图 6-44　台阶拉伸

（3）在台阶两边根据尺寸添加遮挡，移动台阶到相应位置，移动如图6-45所示。

图 6-45　台阶

5. 扫描二维码观看绘图的视频

屋顶绘制　　　　　　　　阳台绘制

四、评价与总结

任务完成后进行自我评价和小组评价并认真书写任务总结，最后交由教师评价（表6-9）。

表6-9 评分标准

评价指标	评价内容	分值	自评	组评	师评
线上自学 （20分）	能够自学线上资源	5			
	完成课前自测	5			
	完成课前讨论	5			
	完成课后自测	5			
知识目标 能力目标 完成情况 （60分）	屋顶的绘制	20			
	屋檐的绘制	10			
	阳台的绘制	20			
	台阶的绘制	10			
素质目标 达成情况 （20分）	制图标准习惯养成	5			
	小组协作、交流表达能力	5			
	自主学习解决问题的能力	5			
	大胆尝试、勇于创新的能力	5			
	合计				
总结	1. 描述本任务新学习的内容。 2. 总结在任务实施中遇到的困难及解决措施。 3. 总结本任务学习的收获				

课后任务

一、填空题

1. 在中望CAD 2014三维操作中，"剖切"命令的快捷键为_____。

2. 剖切后的实体_____原实体的图层和颜色特性。

二、单选题

1. 应用"延伸"命令"EXTEND"进行对象延伸时（   ）。

A. 必须在二维空间中延伸　　　　　　B. 可以在三维空间中延伸

C. 可以延伸封闭线框　　　　　　　　D. 可以延伸文字对象

2. 将两个或更多的实心体合成一体使用命令（　　　　）。

A. SLICE　　　　　　　B. UNION　　　　　　C. ALIGN　　　　　　D. MIRROR3D

三、绘图题

按尺寸绘制三维屋顶模型（图6-46）。

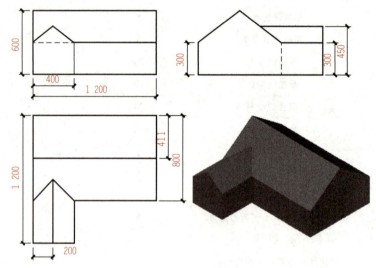

图 6-46　屋顶模型

任务五　三维建筑模型的组装

课前准备

预习本任务内容，回答下列问题。

引导问题1：三维模型的组装可以运用什么工具？

_____

_____

引导问题2：住宅楼板的厚度通常为多少？

_____

_____

● **知识链接**

1. "对齐"命令启动方法

（1）命令行：在命令行输入"ALIGN"命令。

（2）菜单栏：执行"修改"→"三维操作"→"对齐"命令。

2. "对齐"命令选项

图6-47（a）中一个长方体和一个楔体，用"对齐"命令将这两个实体合为一个整体，结果如图6-47（b）所示。

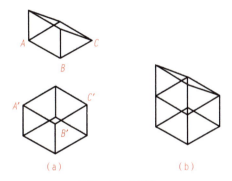

（a）　　　　　（b）

图6-47　对齐

> 命令：ALIGN//执行ALIGN命令
>
> 选择对象：找到1个//选择楔体，提示选择对象数量
>
> 选择对象：按Enter键结束对象选择
>
> 指定第一个源点：//单击点A
>
> 指定第一个目标点：//单击点A'
>
> 指定第二个源点：//单击点B
>
> 指定第二个目标点：//单击点B'
>
> 指定第三个源点或<继续>：//单击点C
>
> 指定第三个目标点：//单击点C'

技巧提示：对齐命令在二维绘图的时候也可以使用。要对齐某个对象，最多可以给对象添加三对源点和目标点。

任务实施

一、资讯

（1）对齐的命令和功能是什么？

（2）对齐源点和目标点的选取方法是什么？

二、计划与决策

组员共同识读三维模型图，讨论并制订组装三维模型的工作计划，填在表6-10中。

表6-10　工作计划

序号	内容	使用绘图方法	完成时间
1			
2			
3			
4			

三、实施

按决策的内容实施绘图工作，运用中望CAD 2014对别墅三维模型进行组装，具体步骤如下。

1. 绘制楼板

（1）换到"楼板"图层，切换至俯视图。根据平面图用多段线绘制出地基、一层楼板，如图6-48所示，二层楼板外轮廓如图6-49所示，创建成面域。

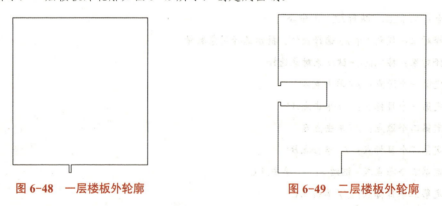

图 6-48　一层楼板外轮廓　　　　图 6-49　二层楼板外轮廓

（2）切换工作空间：将工作空间调整至三维建模空间，并将视图切换到"西南等轴测图"，拉伸楼板，因不绘制内部结构，卫生间和厨房的高度可忽略，楼板高度统一设置为150。

1）在命令行中输入"拉伸"的快捷命令"EXTRUDE"。

2）当前线框密度：ISOLINES=4。

3）选择要拉伸的对象：选择刚刚绘制的楼板轮廓。

4）指定拉伸高度或［路径（P）/方向（D）］：150；注意输入拉伸的高度时不要单击鼠标。

5）指定拉伸的倾斜角度<0>：0。

（3）将楼板放置适当位置。

2. 组装全楼

（1）将工作空间调整至三维建模空间，并将视图切换到"西南等轴测图"。

（2）使用"ALIGN"命令让两实体对齐，将一层、二层的三维图依次堆叠。

选择二层三维图，指定第一个源点：单击点 A；指定第一个目标点：单击点 A′；指定第二个源点：单击点 B；指定第二个目标点：单击点 B′；指定第三个源点或：单击点 C；指定第三个目标点：单击点 C′。将图6-50所示的二层三维图堆叠到图6-51所示的一层三维图上，效果如图6-52所示。

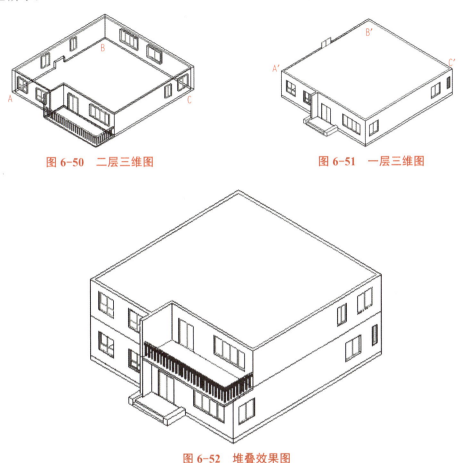

图 6-50 二层三维图   图 6-51 一层三维图

图 6-52 堆叠效果图

技巧提示：使用"对齐"命令时，要注意源对象和目标对象的选取，组装三维模型也可以单独使用"移动"命令并辅以对象捕捉进行组装。

3.扫描二维码观看楼板绘制和三维模型组装的视频

楼板绘制

三维建筑模型组装

四、评价与总结

任务完成后进行自我评价和小组评价并认真书写任务总结，最后交由教师评价（表6-11）。

表6-11 评分标准

评价指标	评价内容	分值	自评	组评	师评
线上自学 （20分）	能够自学线上资源	5			
	完成课前自测	5			
	完成课前讨论	5			
	完成课后自测	5			
知识目标 能力目标 完成情况 （60分）	楼板的绘制	20			
	三维模型的组装	40			
素质目标 达成情况 （20分）	制图标准习惯养成	5			
	小组协作、交流表达能力	5			
	自主学习解决问题的能力	5			
	大胆尝试、勇于创新的能力	5			
	合计				
总结	1. 描述本任务新学习的内容。 2. 总结在任务实施中遇到的困难及解决措施。 3. 总结本任务学习的收获				

课后任务

一、单选题

1. 执行ALIGN命令后，选择两对点对齐，（　　）。

A. 物体只能在2D或3D空间中移动

B. 物体只能在2D或3D空间中旋转

C. 物体只能在2D或3D空间中缩放

D. 物体在3D空间中移动旋转缩放

2. 三维对齐命令Align，最多可以允许用户选择（　　）个对应点。

A. 3　　　　　　　　B. 4　　　　　　　　C. 2　　　　　　　　D. 1

二、绘图题

将屋顶利用"对齐"命令组装，结果如图6-53所示。

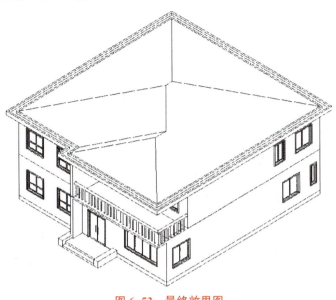

图 6-53　最终效果图

参 考 文 献

[1] 王毅芳. 建筑 CAD [M]. 北京：北京理工大学出版社，2021.

[2] 丁文华，岳晓瑞. 建筑 CAD [M]. 3 版. 北京：高等教育出版社，2021.

[3] 徐开秋. AutoCAD 实用教程 [M]. 上海：上海交通大学出版社，2016.

[4] 高恒聚. 建筑 CAD [M]. 北京：北京邮电大学出版社，2013.

[5] 曹光辉，邹定家，虞磊. 建筑装饰 CAD [M]. 哈尔滨：哈尔滨工程大学出版社，2019.

[6] 夏万爽，边颖. 建筑装饰 CAD [M]. 合肥：安徽美术出版社，2016.

[7] 孙琪，李垚，张莉莉. 中望建筑 CAD [M]. 北京：机械工业出版社，2022.

[8] 中华人民共和国住房和城乡建设部，中华人民共和国国家质量监督检验检疫总局. GB/T
50001—2017 房屋建筑制图统一标准 [S]. 北京：中国建筑工业出版社，2018.